INSTITUT CANADIEN DE QUEBEC

CONCOURS D'ÉLOQUENCE

SUR

L'AGRICULTURE

(ÉLOGE DE L'AGRICULTURE — CE QU'EST L'ART AGRICOLE
AU CANADA — DES MOYENS DE L'Y FAIRE
PROGRESSER)

SOMMAIRE.

QUÉBEC
IMPRIMERIE A. COTÉ ET Cⁱᵉ
1879

CONCOURS D'ÉLOQUENCE

AVANT-PROPOS.

En 1875, l'Institut-Canadien de Québec ouvrait un premier concours d'éloquence, grâce à la généreuse initiative de Monsieur Théophile LeDroit. L'année dernière, Monsieur L.-J.-C. Fiset, notre président honoraire, entrait libéralement dans cette voie en mettant à la disposition de l'Institut, la somme de $100 pour un deuxième concours sur le sujet suivant: " ELOGE DE L'AGRICULTURE. CE QU'EST L'ART AGRICOLE AU CANADA. DES MOYENS DE L'Y FAIRE PROGRESSER. Le choix ne pouvait être meilleur. Il est vrai qu'un pareil sujet n'ouvrait le champ qu'à un nombre limité de joûteurs préparés par des études spéciales. Aussi, n'avions-nous pas l'ambition de voir beaucoup de concurrents répondre à notre appel, mais nous espérions, qu'avec un sujet aussi intéressant pour notre pays, nous ferions produire de bons et utiles travaux. Et sous ce rapport l'Institut-Canadien de Québec, peut se flatter d'avoir obtenu un succès complet. Deux concurrents se sont présentés: Mons. E. A. Barnard, directeur d'agriculture pour la Province de Québec, et Mons. l'abbé Provencher, rédacteur du *Naturaliste Canadien.*

Le jury, composé de l'honorable Mons. Joly, de Mons. LeSage, assistant-commissaire des travaux publics et de l'agriculture, et de Mons. le Dr. LaRue, a jugé les deux études dignes d'être couronnées. Le premier prix, de $75, a été décerné à Mons. E. A. Barnard, le second de $25, à Mons. l'abbé Provencher, et le 19 décembre dernier, avait lieu, dans la salle de l'Institut-Canadien, la présentation de ces prix aux heureux lauréats.

En publiant dans l'Annuaire de cette année les différents travaux du concours, nous croyons faire une œuvre utile et rendre plus féconde la pensée patriotique de M. Fiset. Faire connaître et aimer cette grande question de l'art agricole, c'est là le but que nous cherchons. Heureux si nos efforts peuvent faire naître quelques vocations.

Qu'il nous soit permis en finissant, d'offrir, au nom de l'Institut, l'expression de notre très-vive reconnaissance à M. L. J. C. Fiset. Nous espérons que le bel exemple qu'il vient de donner ne restera pas sans imitateur. Que les favoris de la fortune nous aident dans notre tâche et bientôt, sous cette généreuse impulsion, nous pourrons voir nos arts et notre littérature prendre un nouvel et plus vif essor.

RAPPORT

SUR LE

CONCOURS D'AGRICULTURE

—

Rapport du docteur HUBERT La RUE.

—

Séance du 19 décembre 1878.

MESSIEURS,

A une réunion du comité de direction de l'Institut Canadien, un an passé, il fut décidé de proposer comme sujet de concours la question suivante :

" Eloge de l'agriculture ; de l'état de l'agriculture dans la province de Québec ; des meilleurs moyens à prendre pour en activer le progrès. "

Une somme de cent piastres était patriotiquement mise à la disposition de l'Institut par M. L. J. C. Fiset, protonotaire de cette ville, et M. Fiset dictait lui-même le thème du concours.

Le choix du sujet, avouons-le, ne pouvait être plus heureux ; car s'il est une question importante pour le *Dominion* en général et pour la province de Québec spécialement, c'est bien la question de l'agriculture.

Deux concurrents sont entrés en lice, et ont répondu à l'appel de l'Institut. Le nombre des concurrents aurait pu, aurait dû être plus considérable. Mais on se consolera aisément de cette pénurie à la lecture des deux compositions qui sont l'objet de ce rapport. Toutes les deux sont vraiment remarquables à tous les points de vue; et mes auditeurs s'en convaincront aisément lorsqu'ils pourront les lire et les étudier dans l'*Annuaire de l'Institut*.

En tête de la composition de M. Barnard, on lit cet axiome bien connu qui a été formulé la première fois, si je ne me trompe, par le bonhomme Franklin :

« Celui qui fait croître trois brins d'herbe là où il n'en poussait qu'un auparavant, est un véritable bienfaiteur de son pays. »

En tête de la dissertation de l'abbé Provancher, on lit le vers suivant du jardinier de Mantoue :

> ‹ O fortunatos nimiùm sua si bona norint
> Agricolas ! ›

Dans l'étude de pareilles questions où il s'agit exclusivement d'économie agricole — la première de toutes nos questions d'économie politique — il fallait de la clarté, de la précision dans le style, et absence complète de toutes fleurs de rhétorique.

Des retours sur le passé, des observations sur le présent, des prévisions pour l'avenir, c'est là ce qu'on devait attendre, rien de plus, mais rien de moins.

Sur tous ces points les membres du jury d'examen n'ont que des éloges à adresser aux deux concurrents. Tous deux ont été sobres de style, à ce point que les juges du concours ont pu comprendre leurs pensées, interpréter leurs idées à une première lecture.

(A la suite de ce préambule, le rapporteur a reproduit, avec éloge, de nombreux extraits des travaux des concurrents, et a continué dans les termes suivants) :

—

Je crois avoir rendu justice aux deux concurrents; je crois avoir signalé suffisamment les qualités qui distinguent leurs compositions ; mais le cadre du sujet mis au concours était si vaste que, pour le remplir convenablement, il aurait fallu faire un traité complet, écrire un volume entier.

Dans cette deuxième partie de mon rapport je vais essayer de combler, quoique très-imparfaitement, certaines lacunes que les limites réservées à de semblables travaux rendent inévitables.

Ainsi, à propos de l'éloge de l'agriculture, les concurrents auraient pu serrer de plus près le nœud de la question, et particulariser davantage, en mettant sous nos yeux un petit tableau des mœurs douces et paisibles, de la vie si pleine de félicités du cultivateur canadien modèle ; modèle comme eux et moi nous voudrions qu'il fût.

Je me le représente comme suit :

40 ans. Jeune encore ; dans toute la vigueur de l'âge, dans toute la puissance de sa virilité.

Époux d'une femme de 35 ans,—belle comme toutes les canadiennes ; pleine de force et de santé ; toujours de bonne humeur comme son mari ; mère de douze ou de quinze enfants—pas moins de douze ! —Il faut, messieurs, conserver intactes les saines traditions de nos pères !

120 arpents de terre sous les pieds ; pas d'hypothèques. Grange de 100 pieds de longueur, nouveau modèle. Trente bêtes à cornes, 25 moutons, six chevaux, 8 cochons berkshire, petite race, 250 voyages de foin, avoine, blé, pois, pommes de terre, laine, beurre, saindoux, œufs, poulets, dindons, étoffe du pays, toile canadienne ; cela à profusion.

Pas de procès. Bonne dîme pour le curé de la paroisse, mesure française. Un des meilleurs bancs dans l'église. Marguillier—ancien ou nouveau, ou les deux à la fois.— Pas juge de paix, mais conseiller de la municipalité scolaire ou membre de la société d'agriculture. Pas chef de cabale électorale ; électeur seulement, suivant sa conscience. Pour surcroît de bonheur, un des meilleurs lots dans le cimetière : tel est l'aspect sous lequel se présente à mon esprit le cultivateur canadien modèle.

Si j'étais cultivateur—hélas, pourquoi ne le suis-je pas !—si j'étais cultivateur, les honneurs que confère une mairie de paroisse, une préfecture de comté, m'ennuieraient beaucoup. Ce sont là des espèces de domination universelle qui donnent naissance à une foule d'inquiétudes, créent des soucis innombrables, toutes choses qui me sont profondément antipathiques.

Pourtant, je ne serais pas insensible à l'aiguillon de la gloire ; mais, entre tous les honneurs qui pourraient s'offrir à ma convoitise, nuls ne conviendraient mieux à mes goûts que ceux de secrétaire de la municipalité scolaire, ou de secrétaire de la société d'agriculture de mon comté.

A vrai dire, cumuler les deux postes serait le comble de mes vœux.

Supposons que je sois l'un ou l'autre, ou l'un et l'autre. Alors, je parviendrais sans peine à convoquer une assemblée conjointe des officiers de la municipalité scolaire et des membres de la société d'agriculture ; à cette réunion seraient invités spécialement M. le curé, le médecin, le notaire, le maître d'école, les marguilliers et autres notables du comté.

Le président, homme d'esprit, trouverait facilement moyen d'amener sur le tapis un sujet de débat quelconque. Une heure durant, des orateurs émérites, habitués aux luttes de hustings, épuiseraient le sujet de la discussion avec un art merveilleux, c'est-à-dire, en parlant de toute autre chose que de ce qui aurait trait à la question.

Enfin, lorsque tout le monde serait à bout d'haleine, le président, avec une condescendance qui me ferait infiniment d'honneur, demanderait l'opinion du secrétaire sur les diverses questions en litige.

Lors, avec beaucoup de gravité, je commencerais par féliciter les discoureurs sur leurs brillants efforts d'éloquence, et sur la lumière nouvelle qu'ils auraient projetée sur le sujet. Je me concilierais les deux partis— car il y aurait au moins deux partis—en leur affirmant que tous deux ont raison.

Armé de toutes pièces, grâce à ces précautions oratoires, je ferais le discours suivant, en termes bien simples, et dans un langage qui serait à la portée de mes auditeurs :

Monsieur le Président, Messieurs,—Si j'ai bien compris les éloquents discours que je viens d'entendre, le sujet de la discussion serait le suivant, savoir : de l'éducation de nos enfants, et des meilleurs moyens à prendre pour développer et activer le progrès de l'agriculture en cette paroisse et dans ce comté.

Suivant moi, ces deux sujets sont liés l'un à l'autre intimement, à tel point que l'un ne peut pas aller sans l'autre.

Mais le commencement de tout progrès, en cela comme en une foule d'autres choses, c'est la maison d'école.

Or, en premier lieu, certaines gens de mon arrondissement sont à se demander—cela peut paraître étrange—s'il n'y a pas trop d'écoles dans nos paroisses, et si l'on donne bien à ces écoles des dénominations convenables.

Voici comme ils raisonnent : nos instituteurs reçoivent-ils une rémunération suffisante ? Non ; et pourquoi ?— Parce qu'il y a trop d'écoles !

Une certaine somme est votée annuellement par la législature locale et par les municipalités pour la subvention des maisons d'éducation. Mais cette somme est répartie sur un trop grand nombre de ces maisons, et il arrive que les bons instituteurs, ne recevant qu'un maigre salaire, abandonnent bientôt la carrière de l'enseignement pour en embrasser une autre qui leur offre une position plus brillante, un avenir mieux assuré.

Ceux qui raisonnent ainsi ont-ils raison, ont-ils tort ? Je ne me prononce pas là-dessus, Monsieur le Président, et Messieurs du comité ; je soumets la question à votre examen.

Dans notre temps, M. le Président—car, tous deux, fils d'habitants, et à peu près du même âge, nous avons fréquenté les mêmes écoles—dans notre temps, dis-je, il n'y avait que trois écoles dans la paroisse, savoir : une école modèle No 1, une autre école modèle No 2, et une école dite élémentaire. Dans cette dernière nous avons appris l'épellation de l'*Alphabet* et la lettre du *Petit Catéchisme*.

Le salaire des maîtres d'école modèle était de 70 à 80 louis, salaire considérable pour cette époque; celui de la maîtresse d'école élémentaire était de vingt-cinq louis.

De l'école élémentaire, ou de la *petite école*, comme nous l'appelions, nous passions dans l'une ou dans l'autre des deux écoles-modèles. Quelle joie ! quel contentement ! en un jour nous étions devenus hommes ; en un jour nous avions grandi de cent coudées.

Dans ces écoles modèles nous apprenions peu, mais bien. On nous enseignait la grammaire française, l'arithmétique, la comptabilité, fort peu de géographie ; le dépôt de livres était à l'état de mythe, il n'y avait pas de cartes ; de l'histoire du Canada, rien ; Garneau ne l'avait pas encore découverte.

Nos pères, nos mères assistaient aux examens que présidait M. le Curé.

Pas de piano !

Le théâtre, improvisé, était orné de sapins, décoré de verdure et d'une foule de plantes et de bouquets aux couleurs variées. Toutes ces couleurs se mariaient ensemble harmonieusement, même le rouge et le bleu !

Le premier de la première classe débitait un petit *boniment* littéraire,—une fable de Lafontaine ordinairement.

C'est chose fort remarquable comme les animaux de Lafontaine—nonobstant l'opinion contraire de Châteaubriand,—ont toujours eu le privilège d'enseigner une foule de bonnes choses aux hommes de bonne volonté sur la terre.

La cérémonie se terminait par la distribution des prix ; et le premier prix, le prix d'excellence, était une petite image de saint Pierre, de saint Joseph, de sainte Marguerite,—de saint Patrice quand le maître était un irlandais.—Cette image était ornée de toutes les couleurs de l'arc-en-ciel.

Que si, de ces temps-là, on passe aux temps d'aujourd'hui, on trouve, M. le Président, que les choses sont bien changées. Au lieu d'une école élémentaire, et de deux écoles modèles par paroisse, nous voyons des écoles commerciales, des écoles académiques, des académies pour les garçons, des académies pour les filles, et jusqu'à des séminaires pour ces dernières.

Or, au dire de quelques-uns, le qualificatif *commercial*, accolé au mot école, aurait un effet pernicieux sur l'esprit de nos enfants. Au sortir de ces écoles dites *commerciales*, nos enfants s'imaginent, croient sincèrement qu'il serait au-dessous de leur dignité d'embrasser une autre carrière que celle du négoce.

Les mêmes prétendent qu'il y déjà, en ce pays, beaucoup trop de marchands, de trafiquants, et surtout beaucoup trop de commis-marchands.

Avec ces écoles dites *commerciales*, on détourne de la carrière de l'agriculture une foule de jeunes gens de la campagne ; et on ne se doute guère de l'influence que peut avoir un qualificatif de ce genre pour décider, comme on dit, une vocation. Je n'ai nulle objection au qualificatif *commercial*, pourvu qu'on y ajoute le qualificatif *agricole*.

Alors, ces écoles seraient désignées sous la dénomination de : *Ecole de Commerce et d'Agriculture*, ou mieux, celle-ci : *Ecole d'Agriculture et de Commerce* ; car, en ce pays, plus qu'en aucun autre, l'agriculture doit avoir préséance sur le négoce, et sur toute autre profession.

Il y a une chose que l'on paraît méconnaître ou oublier ; c'est que l'enseignement qui se donne dans les écoles commerciales convient également au négociant, à l'agriculteur et à l'industriel. Tous trois doivent savoir lire, écrire, connaître les secrets de la comptabilité ; tous trois doivent avoir quelques notions de littérature, d'histoire, de dessin, de géographie, et aussi posséder les éléments de la physique, de la chimie, de l'astronomie, de la philosophie.

Voilà, M. le Président, ce que disent certaines gens bien renseignées dans notre comté.

J'en ai consulté d'autres en dehors, qui se sont exprimé dans les termes suivants :

La dernière fin de l'homme, ont-ils dit, en ce bas-monde comme dans l'autre, ne doit pas être de mesurer de l'indienne ou du calicot, derrière un comptoir, sempiternellement, ni d'aligner des chiffres ingrats, en partie simple ou double, pendant les siècles des siècles.

Les plaisirs intellectuels, en ce monde, doivent compter pour quelque chose, même pour le négociant.

Le négociant qui a fait fortune doit avoir d'autres aspirations que celles d'un vénal trafic ; à l'industriel il faut une autre ambition que celle de vendre, à large bénéfices, les produits de sa fabrique. Au négociant, à l'industriel, il faut des jouissances plus nobles, plus relevées ; et nulle part mieux que dans l'étude et dans la pratique de l'agriculture ils ne trouveront des plaisirs sans mélange, des jouissances sans amertume.

Qui, mieux que le négociant enrichi, peut faire pousser trois brins d'herbe là où il n'en poussait qu'un auparavant. Ce négociant-agriculteur serait un bienfaiteur de son pays, il serait un héros. Tous les honneurs que peut conférer le *Dominion* du Canada devraient s'accumuler sur sa tête. On devrait le faire député, sénateur, au besoin même conseiller législatif.

Pour arriver au résultat que je désire, il faut peu de chose. Que dans toutes nos écoles normales de filles et de garçons, que dans toutes nos écoles modèles, académiques, commerciales, l'on donne un petit cours élémentaire d'agriculture de 20 leçons d'une demi-heure ou d'une heure dans le cours de l'année, et le point sera gagné.

Des études ainsi commencées se continueraient plus tard ; il en resterait toujours quelque chose, ne serait-ce qu'un germe qui finirait par se développer et porter des fruits abondants.

Je vais plus loin, M. le Président, et j'affirme que dans tous nos collèges classiques, le complément des études devrait être un petit cours de physique et de chimie appliquée à l'agriculture.

De cette manière, le curé, le médecin, le notaire, deviendraient des engins puissants, comme on dit, pour la dissémination des saines notions agricoles.

L'idée que j'émets aujourd'hui, M. le Président, je ne l'émets pas pour la première fois. Dès 1869, neuf ans passés, j'écrivais les lignes suivantes dans un journal de Québec :

" Dans nos collèges, dans ceux au moins qui sont affiliés à l'Université-Laval, l'étude de la physique, celle de la chimie, de la botanique, est très-approfondie. A l'Université, ces cours sont aussi développés que dans n'importe quelle université européenne. Après des études aussi fortes, l'étude de la science agricole n'est plus, à proprement parler, une étude ; c'est une récréation, une lecture à la fois instructive et amusante. A la suite du cours de chimie générale on devrait donner, dans tous nos collèges, quelques leçons de physique et de chimie appliquées à l'agriculture. Cela est d'autant plus aisé qu'une fois la chimie générale bien comprise, la chimie

et la physique agricoles se résument en quelques appli-
cations spéciales que les élèves saisissent à un simple
énoncé, et sans le moindre effort.

" Parmi les jeunes gens qui complètent leurs études
dans nos collèges, (je continue à citer) quelques-uns embrassent l'état ecclésiastique ; plusieurs étudient la médecine, d'autres, le droit. Ce sont ceux qui embrassent l'état
ecclésiastique et ceux qui se livrent à l'étude de la
médecine qui devront propager le plus et le mieux les
connaissances qu'ils auront puisées dans le cours de leurs
études classiques.

" Le jeune curé, s'il a puisé au collège de saines notions d'économie agricole, ne manquera pas, ne serait-ce
que par délassement, de continuer ce genre d'études
qui, vraiment, offre des attraits incomparables. Qu'on
juge de l'influence que pourrait exercer sur la population
d'une paroisse un exemple parti de si haut ; si, surtout,
ce curé agronome avait le soin, dans ses conversations
avec les habitants, comme par ses conseils mûris par
l'étude, par l'observation, par l'expérience, de les encourager dans la voie des améliorations et du progrès.

" Je résume ma pensée en deux mots :

" Le curé canadien doit être 1º curé ; 2º curé agriculteur ; 3º curé colonisateur ; c'est assez.

" Sur cent médecins, quatre-vingt-dix, au moins, exer-
cent leur art à la campagne ; et c'est chose vraiment remarquable de voir combien est grand le nombre de ceux
qui s'adonnent par goût à l'étude et à la pratique de l'agriculture. L'esprit du médecin, façonné d'avance à l'étude
des sciences positives, est très-bien préparé à l'étude de
la science agricole ; et aux mille tracasseries du métier
de la médecine les paisibles jouissances de l'agriculture
font une salutaire diversion. L'exemple du médecin se
joindrait à celui donné par le curé ; et de cette manière,
il y aurait bientôt, dispersés dans nos campagnes, une
foule de fermiers modèles recrutés parmi la partie la plus
intelligente et la mieux instruite de notre population.

" Ou je me trompe fort, ou ce serait là un des effets
bientôt perceptible de l'enseignement de l'agriculture
dans nos collèges."

Telles étaient, M. le Président, les lignes que j'écrivais en 1869 ; je n'y trouve pas un mot à reprendre aujourd'hui, pas un mot à retrancher.

Mais ce n'est pas tout de développer le goût et les saines notions de l'agriculture dans les écoles de garçons ; il faut, de plus, que dans nos écoles de filles, dans nos couvents de la campagne, une sage direction soit imprimée de ce côté.

En effet, sur cent jeunes filles nées et élevées dans nos paroisses, 90, au moins, deviendront plus tard les épouses de cultivateurs.

A ces jeunes filles, on devrait donner une éducation appropriée à leurs besoins futurs ; on devrait leur donner des leçons d'horticulture, d'économie domestique, les premiers éléments de l'art culinaire.

On l'a dit avant moi, et on ne saurait trop le répéter, rien ne contribue à calmer la mauvaise humeur d'un mari ployant sous le faix du jour et de la fatigue comme le fumet d'un plat aimé ou la vue d'une salade convenablement apprêtée. La connaissance de la couture, du raccommodage, du rapiéçetage devrait être le complément de l'éducation de toute jeune canadienne bien née ; et s'il fallait sacrifier pour cela plusieurs heures de *pianotage* par semaine, des mois entiers de broderies, je les sacrifierais volontiers.

Revenons au jeune agriculteur.

Au sortir de l'école, il n'a qu'à perfectionner ses études ; et pour cela, son père ne saurait faire trop de sacrifices pour mettre à sa disposition autant de livres et de journaux d'agriculture que possible.

De plus, il devrait y avoir, dans chaque paroisse, une bibliothèque paroissiale. Le choix des livres devrait être soumis au jugement d'une commission spéciale nommée par le département de l'instruction publique.

Mais, dans ce choix, M. le Président, on ne saurait être trop scrupuleux ; il n'est rien comme un mauvais livre, un mauvais roman surtout, pour gâter le cœur et l'esprit d'une jeune personne.

Les rayons d'honneur de ces bibliothèques devraient être ornés de journaux d'agriculture et de petits ouvrages ayant trait à cet art.

Il faudrait aussi que l'excellente idée de l'établissement de cercles agricoles reçût son développement complet. Aux réunions de ces cercles, on lirait des conférences sur l'agriculture ; on y discuterait une foule de questions ayant trait à l'amélioration de nos terres, à celle des chemins, des voies de communication, etc, Avant tout, pas de politique dans ces cercles.

Enfin, parvenu à l'âge de 21 ou de 22 ans, le jeune cultivateur, grâce aux sages économies de son père, de sa mère, et de toute la famille, deviendrait le propriétaire d'un *bien* quelconque ; supposons que ce soit le bien du voisin : lequel voisin se serait ruiné par ignorance, ou par incurie, par luxe et par vanité.

A ce moment il entre dans la vie, et, avant de rien entreprendre,—car toute expérience nouvelle est hasardeuse,—il doit se rendre un compte exact de ce qu'il a à faire, non-seulement pour la première année, mais pour dix années à venir.

C'est tout un plan de bataille qu'il lui faut concerter contre des ennemis nombreux, puissants. Voici l'énumération de quelques-uns de ces ennemis : Fossoyage mal fait ; raies, rigoles imperceptibles n'aboutissant pas aux fossés ; planches mal *conditionnées*, les unes de trois pieds de largeur, les autres de quinze pieds. De la mousse, de la marguerite, de la moutarde, une foule de plantes aquatiques au lieu de mil et de trèfle, de l'ivraie partout ; clôtures en désordre, maison, grange délabrées.

Ah ! c'est alors, Messieurs, qu'il faut chez le débutant du courage, et surtout du jugement et de la science. Mais s'il a puisé de saines notions d'agriculture à l'école ; si son jugement a mûri par l'étude des livres de la bibliothèque paroissiale ; s'il a suivi avec attention les bons enseignements prônés par nos journaux d'agriculture, sa tâche est bien simplifiée ; car, avec cette science, avec ces connaissances, c'est la tête qui dirige les bras, et non les bras la tête.

La tête qui dirige les bras ! voilà ce qui manque au cultivateur canadien. Il travaille au jour le jour, machinalement, sans raisonnement, sans aucune connaissance de son art : on appelle cela, en ce pays, un *homme pratique*. Et comme conséquence inévitable, le fruit de tant de pénibles labeurs est perdu.

Le printemps arrivé, quand la neige a disparu, quand la terre est ressuyée, réchauffée, le cultivateur laboure, herse, ensemence, en partant derrière la grange, et va ainsi, sans réflexion, jusqu'au haut du clos.

Il sème des pois, des pommes de terre, du froment, de l'orge, de l'avoine, du mil et du trèfle, là où il n'en devrait pas semer. Pis que cela, en maints endroits du district de Québec, et dans d'autres districts, quoi qu'on dise, il y a des pièces à pois, des pièces à blé, à orge, à avoine, que l'on ensemence avec les mêmes graines depuis un temps immémorial.

Que si quelqu'un se permet de faire certaines observations au sujet d'une routine aussi vicieuse, on vous répond: " Mon père a bien vécu de même ! "

C'est triste.

Lorsque le jeune agriculteur s'est bien rendu compte de tous les défauts que présente son bien, il doit compléter cet inventaire par l'énumération des fautes qu'a commises son prédécesseur, et cette énumération sera comme suit :

Pas d'engrais, ni de fumiers, ou engrais mal préparés ; ignorance complète des bons effets d'un amendement convenable, de l'usage des engrais verts, (trèfle et sarrazin), de l'emploi du chaulage, des cendres, du plâtre, des composts, des engrais chimiques, de l'égouttement, etc.

Ignorance de l'espèce de graines de semence qu'il fallait confier à tel ou tel sol.

Ignorance des rotations, des assolements ; mots qui lui étaient inconnus, parce qu'il n'en avait jamais entendu parler, ni à l'école, ni ailleurs.

Alors, qu'il se mette à l'œuvre, et qu'il ait toujours devant les yeux le précepte suivant que j'ai formulé, plusieurs années déjà, dans les termes suivants :

" Le cultivateur canadien doit adopter pour système de culture celui de convertir le plus promptement possible, et aussi parfaitement que le temps et ses moyens le lui permettront, la plus grande étendue de sa terre en prairies et en bons pacages. Car, ce système permet de récolter beaucoup de foin ; or, avec beaucoup de foin on peut entretenir un grand nombre d'animaux en bon ordre. Ces animaux donnent beaucoup de produits qui rapportent de grands profits et une grande quantité de fumier. Le fumier est tellement la base de toute bonne agriculture qu'on a dit, et avec raison, que le fumier est *le capital du cultivateur."*

Après trois ou quatre années de cette culture conduite avec intelligence, le jeune agriculteur se trouve, comme on dit, M. le Président, au-dessus de ses affaires. Et après ?—Après ? Eh bien ! il doit se marier, ce qui est la chose la plus naturelle du monde. Il n'aura que l'embarras du choix, dans sa paroisse, ou dans les paroisses voisines.

Il y a des célibataires jeunes et vieux,—j'en connais, j'en vois même dans cette salle,—qui s'imaginent que le mariage est une espèce de révolution dans l'édifice social, une sorte de cataclysme dans le cours de la vie humaine. Erreur fatale ! Le mariage est chose toute simple. Une fois qu'on a été marié, on s'imagine qu'on l'a été toujours ! Bientôt, au bout de neuf mois de mariage, de dix au plus, surviennent les soucis bienfaisants de la famille : un rejeton, un héritier a vu le jour. De quinze mois en quinze mois, souvent plus tôt, pareil phénomène se renouvelle dans chaque famille de nos bons cultivateurs canadiens.

C'est là le véritable progrès ! Dans les pays constitutionnels, M. le Président, la force, c'est le nombre ; et nous, Canadiens-Français, nous avons besoin de recruter nos forces, et de multiplier notre nombre. De cette dernière tâche nous nous acquittons bien sans l'aide des gouvernements ; mais je me demande si ces gouvernements, le fédéral comme le local, ont toujours fait, font aujourd'hui ce qu'ils auraient dû et devraient faire pour retenir notre nombre chez nous ?

A ce propos, M. le Président, voici quelques lignes que j'écrivais il y a une dizaine d'années.

" L'émigration de notre population aux Etats-Unis est due à trois causes principales : 1º amour du changement parmi un certain nombre ; 2º misère et pauvreté dues au défaut d'établissements industriels et manufacturiers dans nos villés ; 3º misère et pauvreté occasionnées par un système de culture des plus vicieux dans nos campagnes.

" Le seul moyen d'empêcher l'émigration de nos campagnes est d'enseigner à nos cultivateurs comment ils peuvent trouver l'aisance, la richesse chez eux. Pour cela, que faut-il ? Leur enseigner à cultiver. De cette manière, l'agriculture prend toutes les proportions d'une question religieuse, et qui mérite l'attention spéciale de notre clergé, celle de nos curés de la campagne particulièrement."

Quelques mois plus tard je m'exprimais dans les termes suivants au sujet de l'immigration :

" On parle beaucoup d'immigration par le temps qui court.

" On envoie des agents en Europe pour inviter les étrangers à venir partager notre bonheur ; on a des agents aux Etats-Unis chargés de prier les *nôtres* de revenir au milieu de nous.

" Tout cela est fort bien.

"Mais il y a moyen, à mon avis, de simplifier la besogne de ces agents, tout en assurant le succès de leur mission.

" Développons notre agriculture, et, pour cela, instruisons nos cultivateurs, enseignons-leur des méthodes simples, faciles, peu dispendieuses qui les mettent en état de réaliser de 150 à 200 louis de bénéfice par année, avec la vente de leurs produits, au lieu de ne réaliser que trente ou quarante louis comme cela a lieu aujourd'hui.

"Alors, l'étranger voyant les rives du Saint-Laurent bordées de riches villas *habitées par des cultivateurs*, se dira : "Il fait bon de vivre ici : dressons-y nos tentes."

" Alors les nôtres qui sont aux Etats-Unis se diront : Il fait meilleur chez nous qu'aux Etats-Unis ; retournons chez nous.

"De cette manière les agents d'immigration seront sûrs du succès et feront une riche et abondante moisson d'immigrants."

Le temps presse, M. le Président, et j'abrège.

Parvenu à ce degré d'avancement dans la voie du progrès, le cultivateur doit veiller soigneusement à l'entretien de ses animaux, à leur nourriture, et soumettre à une étude approfondie les problèmes suivants d'économie agricole, dont je me contenterai de faire l'énumération :

1° De l'emploi des soupes pour la nourriture du bétail ; je crois sincèrement qu'on sauverait par là une bonne moitié du fourrage. Une nourriture sèche ne convient pas plus à l'estomac de l'animal qu'à celui de l'homme : ceci est entièrement conforme aux données de la physiologie.

2o Du traitement des fumiers. Dans des écrits antérieurs j'ai émis l'opinion que dans certaines circonstances, et pour certains genres de culture, il valait mieux recourir à l'emploi des fumiers verts. Sur ce point je crois avoir fait erreur, à l'exemple de bien d'autres, et je ne recommande, aujourd'hui, pour la grande culture que les fumiers qui ont subi au moins un commencement de fermentation. De là la nécessité d'avoir des caves ou appentis dans lesquels le fumier doit être conservé assez longtemps, et à une température modérée, pour que cette fermentation se produise ;

3o. De l'emploi des engrais artificiels, et, surtout, du phosphate de chaux dont on a découvert depuis deux ans, des mines d'une richesse extrême dans les environs d'Ottawa. Ce sujet seul exigerait la publication d'un volume. Dès 1869, un agronome français, M. Ville, partisan des engrais artificiels, annonçait, dans une conférence faite à la Sorbonne, à Paris, que le Canada renfermait des mines inépuisables de sous-phosphate de chaux (ou apatite). Qui s'en doutait alors dans le Dominion ? J'ai fait l'analyse chimique de quelques-uns de ces échantillons, et j'ai trouvé qu'ils contenaient jusqu'à 92 pour cent de phosphate ;

4o. Du mélange du sulfate d'ammoniaque (résidu du gaz d'éclairage), qu'on n'utilise pas aujourd'hui, au Canada, avec le sulfate de chaux et le superphosphate comme guanos artificiels, pour les besoins de ce pays, et comme objet d'exportation.

S'il est un pays au monde où le besoin des engrais artificiels se fait sentir, c'est le Canada.

Quant à l'exportation, tous les engrais entrent en franchise aux États-Unis.

5o. De l'à-propos d'établir la confection de ces engrais artificiels à Lévis où il y a déjà une fabrique d'acide sulfurique qui chôme depuis une dizaine d'années.

6o. Quel parti cette fabrique de superphosphate à Lévis pourrait-elle tirer des pyrites de cuivre de Lennoxville, après grillage, en les expédiant à Swansea,

South-Wales, Angleterre. Alors, on ferait d'une pierre deux coups.

7o. Des assolements. Cette question capitale est tellement méconnue dans la Province de Quebec, qu'en maints endroits—le Saguenay, entre autres — on récolte céréales sur céréales pendant douze et quinze ans sans interruption.

On ruine le Saguenay. On a suivi la même pratique à la côte de Beaupré et à l'Ile d'Orléans pendant 150 . et 200 ans, et le résultat final ? C'est qu'aujourd'hui le blé n'y vient plus. Pourquoi ? Parce que le sol ne renferme plus les éléments qui entrent dans la composition de ces plantes ; parce que ces éléments ont été soustraits au sol par la culture inintelligente de nos pères et de leurs fils.

8o. Du chaulage. Question très-importante. Des territoires entiers, en France, depuis cinq ans, sont redevenus fertiles, et produisent du blé en abondance aujourd'hui, grâce au chaulage. Beau sujet d'étude pour ce pays où le calcaire est si abondant.

9o. Expositions d'agriculture provinciales annuelles. Trop fréquemment renouvelées. Tous les trois ans suffirait. On y voit toujours les mêmes choses.

10o. Expositions de comtés. Ne vaudrait-il pas mieux les remplacer par des expositions de district, à des intervalles de deux ou trois ans ?

11o. Importance des concours de labour, de hersage, de roulage, à chacune de ces expositions de districts. Pour un objet d'aussi grande importance, le conseil de l'agriculture et le ministère de l'agriculture ne devraient pas être économes. Ils devraient avoir à leur disposition cinq ou six laboureurs émérites largement payés, et toujours prêts à se transporter, avec charrues, herses, rouleaux, et attelage modèles, là où leurs services seraient requis. Il y aurait concours entre le premier laboureur de la paroisse et le laboureur du gouvernement. Prix du concours $1.00 pour le laboureur du gouvernement, s'il gagne le premier prix ; dix ou vingt piastres pour le premier laboureur du district, s'il bât le laboureur du gouvernement.

12o. Drainage. Cette question seule pourrait faire le sujet d'un concours. M. Barnard et l'abbé Provancher ne sont pas d'accord sur ce point. Je les mets d'accord en affirmant que tous deux ont raison.

Quels matériaux faut-il employer pour ce drainage ? Mon opinion est qu'il faut employer du bois là où il y a du bois, de la pierre là où il y a de la pierre, des tuiles là où il n'y a ni pierre ni bois.

Le drainage seul triplerait le rendement de nos terres ; et la *saison agricole*, qu'on me pardonne le mot, serait au moins d'un mois plus longue dans la province de Québec : quinze jours le printemps, quinze jours l'automne ;

13o. Importance de la comptabilité. Nos cultivateurs vivent au jour le jour, sans tenir compte de leurs recettes et de leurs dépenses. De cette manière ils se ruinent sans s'en apercevoir.

14o. Luxe, vanité. Petit traité sur l'art du bon goût dans la toilette, à l'usage des hommes, un peu aussi à l'usage des filles et des femmes. Ce sujet devrait être traité légèrement.

15o. Du choix des races d'animaux. Quelques hommes compétents, éleveurs émérites depuis plus de 20 ans, et auxquels je me suis adressé pour avoir leur opinion, m'ont répondu dans les termes suivants. J'attire spécialement votre attention sur ce point.

Je reproduis textuellement leur réponse à ma question.

1o. CHEVAUX.

Les chevaux canadiens purs ont disparu depuis bien des années ; ils sont perdus dans des croisements sans fin.

Les principales races avec lesquelles ils ont été croisés sont : le pur sang, le clydesdale, le cleveland bay, le suffolk punch, le percheron, le normand.

Parmi les chevaux écossais, anglais, irlandais, le favori, après le pur sang, a été le clyde. Dans le district de Montréal on s'en est servi pour faire des croisements sans nombre, avec plus ou moins de discernement, avec des juments de toutes races, de toutes tailles.

Par ces croisements injudicieux, on a gâté beaucoup la régularité des formes de nos chevaux canadiens, en leur donnant plus de taille. A première vue on reconnaît ces choisis, à leurs jarrets courts et trop épais.

Si l'on veut élever des chevaux pour le commerce, on fera bien de croiser nos juments canadiennes avec des chevaux pur sang, ou trois quarts. sang.

Avec un peu de soin on pourrait crééer en quelques années une bonne sous-race de chevaux, en état de rendre aux cultivateurs canadiens tous les services dont ils peuvent avoir besoin, et qui en même temps seraient très-propres pour l'exportation en Angleterre et aux Etats-Unis.

2o. VACHES.

Il faut viser avant tout, à en obtenir, en même temps, le plus de lait et le plus de viande possible. Le mélange du canadien avec l'ayrshire est ce qui convient le mieux.

La *durham* exige beaucoup de frais d'entretien. Pas du tout rustique ; donne beaucoup de lait, à la condition qu'elle vêle à deux ans, avant qu'elle ait contracté une trop forte disposition à l'engraissement. Beaucoup de viande.

Le taureau durham améliore les dispositions lactifères des vaches communes avec lesquelles il est croisé.

3o. MOUTONS.

Le *leicester* a une laine plus fine, a plus de chair, et une chaire plus tendre. Dégénère vite ; ne vit pas longtemps sous notre climat.

Le *cotswold* a une laine plus longue, plus grosse, mais il en fournit moins que le *leicester*, chair bonne quoique inférieure à celle du *leicester*. Race plus rustique. Se conserve bien en ce pays, vit longtemps. Croisé avec le canadien forme de bons moutons.

Les moutons et les porcs sont les animaux qui dégénèrent le plus vite, par le croisement de consanguins.

Enfin, M. le Président, après avoir fait tout ce que je viens de dire, après avoir résolu tous les problêmes que je viens de poser, le jeune agriculteur qui aurait fait ses débuts à l'école de sa paroisse, qui aurait continué ses études plus tard, de la manière que je l'ai dit, serait parvenu à un âge très-mûr, disons 75 ou 78 ans.

Alors, il est voisin de deux autres voisins fort incommodes : l'inflammation de poumon et l'apoplexie. Ce sont les deux maladies qui moissonnent le plus de vieillards en ce pays.

Pourtant la vie doit être douce et paisible à cet âge patriarcal ; il me semble que c'est alors qu'on commence à vivre, et à jouir de la vie ; on n'a qu'à se laisser vivre, ...ou à s'empêcher de mourir.

Entouré d'une famille nombreuse,—aïeul, bisaïeul depuis longtemps, — ayant célébré ses noces d'argent, ses noces d'or, il aurait eu soin, je le présume, dans le cours de sa longue carrière, de mêler l'agréable à l'utile.

Or, rien d'agréable, rien d'amusant comme de petites fêtes de familles canadiennes à la maison du père ou à celle du grand-père.

A ces réunions, il y aurait eu des bonbons, parmi lesquels aurait figuré en première ligne la tire ! La tire est d'institution nationale.

Jamais de boissons alcooliques ou enivrantes. Tout au plus aurait-on mis sur la table de la petite bière d'épinette ou du vin de gadelles fabriqué par les grandes filles de la maison. Nulle addition de brandy dans ces liqueurs de tempérance. J'ai connu des mécréants qui poussaient jusqu'à ce point l'astuce et la supercherie. Que Dieu ait pitié de leurs âmes !

A ces fêtes on aurait toléré quelques danses innocentes et hygiéniques, avec accompagnement de violon et de chansons populaires. Je recommande, avant tout, le *"Nicque* du Lièvre,*"* et le "Clairon du roi, Mesdames,*"* moins les gages obligés d'autrefois, que nos mœurs puritaines et épurées ne sauraient tolérer aujourd'hui.

Voilà, M. le Président, ce que votre secrétaire avait à vous dire au sujet des meilleurs moyens à prendre pour activer le progrès de l'éducation, et, par là même, le progrès de l'agriculture en ce pays.

RAPPORT DE MONSIEUR S. LESAGE.

Sur une question de la nature de celle qui fait le sujet de ce concours, il est tout naturel, dans la position que j'occupe, que je ne donne pas un vote silencieux. Aussi quoique la soirée soit déjà fort avancée, je demande à dire quelque mots sur les réformes proposées par les deux concurrents pour activer le progrès de l'agriculture dans notre province.

Tous deux s'accordent a recommander la création d'un bureau d'agriculture présidé par un surintendant, dont les pouvoirs seraient analogues à ceux du surintendant de l'éducation, et qui serait également étranger à la politique. Cet officier présiderait le conseil d'agriculture, et aurait la direction et le contrôle de toute l'organisation agricole, c'est-à-dire qu'il aurait tous les pouvoirs administratifs aujourd'hui conférés au commissaire de l'agriculture.

Il est possible qu'une pareille réforme soit jugée avantageuse et finisse par s'imposer, aussi ne voudrais-je pas prendre sur moi de la repousser tout-à-fait. Je tiens à dire à ce propos, qu'en concourant dans le jugement qui a été rendu j'ai voulu rendre hommage au talent déployé par les deux écrivains, à l'esprit vraiment patriotique dont ils ont fait preuve, aux utiles vérités qu'ils ont exposées, enfin au mérite réel et vraiment remarquable des deux écrits considérés dans leur ensemble; mais je ne suis pas prêt à admettre que la création d'un bureau d'agriculture, sur le modèle de celui de l'instruction publique, soit d'une absolue nécessité.

Le but principal de la loi d'agriculture de 1869, qui nous régit aujourd'hui, a été de ramener l'organisation agricole sous la surveillance de la législature, en substituant un conseil nommé par l'Exécutif à l'ancienne chambre d'agriculture composée en majorité de membres élus par les sociétés d'agriculture. Cette chambre d'agriculture, à laquelle on avait à dessein donné beaucoup de latitude, afin de lui assurer une plus grande liberté d'action, avait fini par échapper tout-à-fait au contrôle du gouvernement, qui de son côté semblait vouloir dégager sa responsabilité de tout ce qui tenait à l'organisation agricole et à son fonctionnement. Sous le régime qui a précédé la Confédération, autant ou mieux valait peut-être qu'il y eût une chambre d'agriculture pour le Bas-Canada et une autre pour le Haut-Canada, et que ces chambres fussent à peu près indépendantes de l'Exécutif d'alors. Mais avenant la constitution de 1867, qui remettait à chaque province la gestion de ses affaires locales, on trouva que l'organisation agricole était chose assez importante en elle-même, pour ne plus en laisser le contrôle à un corps à peu près irresponsable comme l'était l'ancienne chambre. Aussi, dès la seconde session de notre législature locale, adopta-t-on la loi qui nous régit actuellement. La principale raison qu'on a fait valoir, pour substituer la loi actuelle à l'ancienne, a été que le chef du département de l'agriculture serait désormais directement responsable à la législature du fonctionnement de la nouvelle organisation agricole, et je ne suis pas prêt à dire que la législature a eu tort de prendre ainsi la haute main dans cette sphère importante de l'administration.

Le but qu'on s'est proposé en créant le conseil d'agriculture a été uniquement d'entourer le ministre des agronomes et des agriculteurs les plus distingués de la province pour aviser avec lui aux meilleurs moyens de faire progresser l'agriculture dans toutes ses branches ; le ministre est resté seul chargé par la loi de l'administration et du contrôle de toute l'organisation agricole et par là même directement est responsable.

Pour nous la question agricole doit primer toutes les autres, et je verrais avec peine notre législature s'en remettre à un seul homme du soin de diriger l'organisation agricole, cet homme fût-il à la hauteur de la tâche que lui tracent MM. Barnard et Provencher. Il importe que nos députés locaux restent assujettis au devoir de s'occuper eux-mêmes de ce grand intérêt. A chaque session depuis 1867, les députés locaux qui ont fait partie du comité permanent de l'agriculture ont élaboré avec profit une masse de questions du plus haut intérêt. A plusieurs de ces questions il n'a manqué, pour faire beaucoup de bien et amener des résultats sérieux, que la discussion en pleine chambre. Qu'on ne s'y méprenne pas davantage, et que les questions agricoles soient posées hardiment en chambre, et l'on verra bien vite qu'elles l'emportent en importance et surtout en bons résultats sur bien d'autres qui occupent le haut du pavé dans nos discussions parlementaires. Ma grande, mon unique objection pour ainsi dire à la création d'un surintendant d'agriculture, vient donc de ce que cet officier ne pourrait pas avoir un siége en chambre, et répondre de son administration sur son portefeuille ; car avant tous cet officier dans la pensée de nos lauréats devrait être inamovible durant bonne conduite.

Ce n'est pas à dire pour cela que je sois hostile à toute réforme, je reconnais au contraire la nécessité de veiller plus strictement à l'observance de la loi telle qu'elle existe, et ici je fais mon *meâ culpa* pour ce qui me concerne. C'est un abus par exemple que de ne par avoir le bureau, du conseil d'agriculture au siège du gouvernement, puisque son secrétaire est un officier du département de l'agriculture. Je suis porté à croire qu'il résulterait beaucoup de bien et une grande simplification administrative de ce seul changement. Il m'a toujours semblé aussi qu'un officier permanent du département de l'agriculture devrait avoir un siége dans le conseil. Quant aux abus qui ont pu se glisser dans l'administration agricole, je les livrerais en toute confiance à M. le directeur de l'agriculture ; il a su trop bien les signaler pour ne pas les faire disparaître dès que l'occasion lui en sera fournie.

Pour ce qui est des progrès à réaliser au moyen des mesures de détail si heureusement suggérées par M. Barnard, je connais trop bien le zèle éclairé de notre premier ministre pour tout ce qui touche à l'agriculture, je connais trop bien aussi la passion dominante de l'assistant commissaire de l'agriculture, pour croire que M. le directeur de l'agriculture aura ses coudées tout aussi franches que pourrait les avoir un surintendant. A l'aide de son journal d'agriculture, qui va reparaitre avec la nouvelle année, il va pouvoir continuer sa croisade, et si, comme je n'en ai aucun doute, il y met l'élan chaleureux, la foi agricole dont il a donné de si belles preuves dans son essai couronné, il réussira à inspirer le goût de la bonne culture mieux que toutes les mesures legislatives ne le sauraient faire.

J'aurais bien, moi aussi, tout comme mon savant collègue, le Dr. LaRue, un petit progamme à développer pour faire arriver bien vite à la prospérité le plus grand nombre possible de nos compatriotes. Le conseil que je donne aux cultivateurs se réduit à ceci : Faites du beurre, faites du bon beurre et faites-en beaucoup ; je réponds du reste, vous êtes dans la bonne voie. Avec cela si vous ne mourez pas riche et considéré c'est que vous mourrez jeune. Voilà pour moi le principe général, le principe qui opère seul et surement. Maintenant, il y a les moyens violents, révolutionnaires, si vous voulez, tels que la culture de la betterave à sucre, pour la fabrication du sucre, et l'emploi des engrais chimiques, du superphosphate, par exemple ; j'en suis encore de ceux-là, et le jour où je les verrai introduits sérieusement dans notre province je dirai que nous pouvons nous passer désormais d'organisation agricole, et dépenser l'argent qu'elle nous coûte à faire ouvrir de bons chemins de colonisation, car alors il n'y aurait plus assez de terre pour tous ceux qui en voudraient avoir. C'est à peine s'il resterait un homme de lettres pour remporter le prix qu'un noble imitateur de M. Fiset offrirait alors pour un essai "sur le meilleur moyen de faire progresser la colonisation."

Pour terminer, je dirai aussi moi, honorons l'agriculture, regardons toujours l'habitant comme la pierre angulaire de notre nationalité ; que l'agriculture soit le premier article de notre catéchisme national. La nature a été prodigue de beautés pour notre province de Québec, nous l'aimons telle qu'elle est, mais comme elle serait belle si, à tout le pittoresque de nos riantes campagnes, nous pouvions ajouter le charme de l'aisance et le rayon doré de la prospérité !

ÉLOGE DE L'AGRICULTURE.

CE QU'EST L'ART AGRICOLE AU CANADA.

DES MOYENS DE L'Y FAIRE PROGRESSER.

Par Ed. A. BARNARD. (1)

> " *Celui qui fait croître deux brins d'herbe où il n'en poussait qu'un seul, est, sans aucun doute, un bienfaiteur public.*"

I. ÉLOGE DE L'AGRICULTURE.

L'agriculture est, pour les individus, une occupation des plus utiles, des plus morales, des plus nobles : pour les nations c'est la seule base solide de prospérité générale.

L'agriculture bien comprise ne demande pas seulement le travail du corps : elle offre un immense champ d'études à l'esprit.

(1) Le travail auquel le premier prix a été décerné portait seulement un *nom de plume.* L'Institut-Canadien ayant insisté pour que le lauréat donnât son nom véritable, ce dernier, tout en se faisant connaître, demanda avec instance que son travail fut soumis au public sans nom d'auteur, afin que l'étude des importantes questions y soulevées et des faits très-regrettables qui y sont signalés fût détachée de toute question personnelle. Il fit valoir de plus sa position officielle, qui semblait lui interdire la publication de ses nom et prénoms.

Là-dessus, M. le président de l'Institut jugea à propos de consulter l'honorable M. Joly, commissaire de l'agriculture et l'un des juges du concours, qui permit gracieusement à l'auteur de faire connaître son nom, conformément à un des règlements du concours.

Sous ces circonstances, M. Barnard, directeur de l'agriculture au département de l'agriculture et des travaux publics, crût ne pas devoir se refuser plus longtemps au désir de l'Institut-Canadien.

L'agriculture est d'institution divine. Le travail qu'elle exige fut enseigné par Dieu lui-même, dans le Paradis terrestre, et dès l'origine. Elle fut ordonnée au premier homme comme occupation principale, au moment où, sortant de la création, il était fait pour jouir du bonheur le plus complet: *Posuit in paradiso voluptatis, ut operaretur eum.* (Gen. 2) Le travail de la terre fut donc pour l'homme un commandement de Dieu, et une condition de son bonheur, de sa dignité, de son existence avant que la chute originelle eût rendu tout travail pénible et ingrat.

De tous temps, parmi les peuples les plus renommés, l'agriculture a été considérée comme le premier des arts, celui qui doit être le plus honoré. Ainsi, dans l'histoire ancienne, les Chaldéens, les Egyptiens et les Romains, aussi bien que le peuple de Dieu, furent des peuples éminemment agricoles. Et, depuis l'ère chrétienne jusqu'à nos jours, les nations les plus puissantes et les plus prospères doivent à l'agriculture la principale source de leur force et de leur richesse. On l'a répété de tous temps, et personne ne saurait le nier: "l'agriculture est le fondement même de la vie humaine; elle est la nourrice du genre humain." Or, si l'homme est véritablement noble et grand en autant qu'il se rend utile à ses semblables, quelle occupation, en dehors du sacerdoce, est plus noble et plus utile que celle du cultivateur?

La magistrature, les professions libérales, le commerce et l'industrie nous sont d'un grand secours. Depuis la chute de l'homme, plus le monde s'est peuplé, plus il a fallu de force, de courage, de sagesse et de science pour défendre, contrôler, diriger et guérir la société; plus il a fallu d'énergie pour tirer du sein de la terre et de la profondeur des eaux, pour utiliser et pour répandre en tous lieux les richesses sans bornes que Dieu a mises au service de l'humanité. Mais que seraient toutes ces choses sans la vie du corps? Or, c'est l'agriculture seule qui fournit à l'homme et la nourriture indispensable à la vie, et tous ces fruits, ces produits de toute nature qui flattent notre appétit, réjouissent notre cœur. (1)

____

(1) Voir le magnifique éloge de l'agriculture par Mgr. Dupanloup: "De la haute éducation intellectuelle," tome III, pages 418 et suivantes.

Le travail des champs est essentiellement moralisateur. Dans ses divers travaux, le cultivateur se sent sous la dépendance immédiate de Dieu. L'homme devient l'instrument docile dont se sert le Créateur dans la continuation de la création. Le cultivateur remue la terre, il lui confie la semence; il l'arrose de ses sueurs, puis son œuvre est faite ; pour le reste, il s'en remet à Dieu, qui donne le soleil, la chaleur, la rosée rafraîchissante, la pluie nécessaire. C'est Dieu seul qui fait fructifier et rendre au centuple.

Toutes les vertus fortes et viriles,—la sobriété, l'économie, l'ordre, l'activité, la persévérance, la prévoyance, sont l'apanage du bon cultivateur. Aussi trouve-t-on, en général, dans la classe agricole, un jugement plus sain et mieux exercé, des mœurs plus pures, des races plus fortes, une foi plus ferme, des dévouements plus nombreux. C'est d'ailleurs ce qu'ont dû reconnaître les philosophes païens eux-mêmes. " La vie des champs, " disait Columelle, "est voisine, sinon parente de la sagesse." Le " sage " Caton affirme que : " c'est parmi les cultivateurs que naissent les meilleurs citoyens et les meilleurs soldats." Cicéron donne à son tour un témoignage vieux de vingt siècles, mais qui comporte un enseignement plein d'actualité. Il dit : " C'est dans les villes que se crée le luxe. Le luxe produit la cupidité ; la cupidité fait naître l'audace. De là toute espèce de crimes qui ne peuvent prendre origine dans les habitudes sobres et laborieuses de la vie agricole. L'agriculture enseigne l'économie, le travail, la justice." Cicéron ajoutait : " L'amour de la patrie, source de tant de vertus, existe au plus haut degré dans les populations agricoles qui se perpétuent sur l'héritage de leurs aïeux. C'est parmi elles que naissent les plus braves soldats."

Voilà le témoignage bien flatteur que les païens eux-mêmes ont rendu à l'agriculture. De quel respect et de quels hommages les nations chrétiennes ne doivent-elles donc pas entourer cette profession si noble et si utile ! Le cultivateur ne se sent-il pas, chaque jour, et plus directement que tout autre, sous l'œil de Dieu ? Peut-il oublier l'action bienfaisante du Tout-Puissant dans le résultat de ses divers travaux ? Qui éprouve, autant que l'homme des champs, la nécessité presque journalière de demander, avec foi et humilité, la chaleur, la pluie, ou le temps serein ? Qui, plus que lui, peut jouir constamment de toutes les beautés de la création? Et, sous ces circonstances, quel cœur bien né, quel esprit droit, ne saurait aimer, adorer et bénir l'auteur de tous biens. Quelle est donc l'occupation qui offre des jouissances plus pures, une jeunesse plus vertueuse, une vie mieux remplie, une vieillesse plus tranquille et plus heureuse !

$$*^*_*$$

Tel est, sans aucun doute, le bonheur des classes agricoles. Et cependant, que voyons-nous de nos jours ? Des hommes instruits qui dédaignent l'agriculture ; des enfants de cultivateurs à qui l'instruction semble avoir servi à déprécier l'occupation de leurs ancêtres ; une multitude de personnes, plus ou moins marquantes, qui ne voient dans les rudes mais honorables labeurs des champs qu'un travail avilissant, indigne d'hommes instruits et, pour tout dire, un travail d'esclave. Ne voit-on pas trop souvent des cultivateurs à l'aise, dont la plus grande ambition, pour leurs fils, est de les pousser dans les carrières dites libérales; ne voit-on pas également, et en grand nombre, des femmes de cultivateurs qui croient travailler au bonheur de leurs filles en leur cherchant un avenir en dehors de l'agriculture ?

Les parents qui agissent ainsi, par faiblesse et sans une dûre nécessité, qui veulent par là rendre la vie plus agréable et plus facile à leurs enfants, ont-ils bien réfléchi ? Ont-ils songé qu'en envoyant ces enfants à la ville, ils les déclassent trop souvent sans utilité ni pour eux-mêmes ni pour la société; qu'ils encombrent davantage les professions, le commerce ou l'industrie, déjà trop encombrés ; qu'ils exposent ces jeunes gens à une existence presque toujours précaire, souvent bien pénible et parfois infiniment malheureuse ? Ces déclassés, sans avenir et sans espoir, malgré leur éducation plus ou moins complète, sont comme entraînés à abréger leur existence et à se consoler de leurs désillusions amères, en s'adonnant aux habitudes les plus regrettables.

Ces jeunes gens, que l'on a rendus malheureux pour la vie, n'auraient-ils pas pu devenir, dès leur entrée en carrière, sinon des propriétaires dans l'aisance, au moins des fermiers intelligents, des colons vigoureux et pleins d'espoir, des spécialistes agricoles marquants, des agronomes instruits, enfin, des citoyens utiles, en état de rendre des services signalés et de tout genre à leurs compatriotes ? Les filles qui laissent la campagne, à la recherche d'un établissement plus commode et plus attrayant, sont-elles plus heureuses dans leur famille; leurs enfants seront-ils mieux élevés, plus dociles, plus utiles à la société et plus heureux à leur tour ?

*_**

Ce concours sur l'agriculture dont on a eu la généreuse et patriotique pensée, me donne l'occasion de soumettre ici quelques réflexions qui m'ont occupé bien souvent au milieu des travaux constants et si multiples d'un cultivateur.

Je serai heureux d'attirer l'attention de mes compatriotes sur notre position agricole. Je voudrais faire appel à tous les hommes d'esprit et de cœur qui sont attachés à notre chère patrie ; à cette fertile et incomparable vallée du Saint-Laurent, cette belle province de Québec, si essentiellement agricole, et dont les richesses, cependant, sont à peine exploitées. Je désire m'adresser surtout aux hommes intelligents qui habitent la campagne, à ces nombreux jeunes gens qui cherchent une carrière profitable et utile. Je leur demande à tous d'honorer l'agriculture autant qu'elle le mérite et de ne point fermer les yeux sur ses titres de noblesse et sur son utilité éminente. Nos hommes d'état et tous ceux qui sont chargés de veiller à la chose publique trouveront certainement que c'est dans l'avancement de notre agriculture que réside la question d'économie politique la plus importante pour nous dans le moment actuel. Je le dis avec regret, mais je l'affirme avec une conviction profonde : cette question de notre progrès agricole semble avoir été presque entièrement oubliée, à la suite de ces luttes gigantesques qu'il nous a fallu subir pour le maintien de notre nationalité. Grâce à Dieu nous sommes aujourd'hui les seuls maîtres de notre destinée. Mais ne serions-nous pas infiniment coupables si nous négligions plus longtemps l'art qui a toujours été, depuis l'établissement de ce pays, et qui est encore notre principale source de prosperité et de bonheur ? Je dirai plus : l'agriculture sera, après la religion, la sauvegarde de notre nationalité dans l'avenir.

Qu'il me soit donc permis de faire appel à tous, mais principalement à notre clergé et aux personnes qui dirigent les maisons d'éducation dans notre province. Que tous se fassent un devoir de rendre hommage à l'agriculture ; qu'ils ne manquent point l'occasion de montrer la haute noblesse de cet art, le seul qui fut enseigné à la terre par le Très-Haut lui-même ; que tous prêchent, de parole ou d'exemple, la dignité et l'utilité du travail manuel, cette *jouissance* donnée à nos premiers parents comme occupation principale dans le Jardin de délices. Oui, quoi qu'on en dise : pour l'homme sensé, qui réfléchit, le travail manuel a été de tous temps une satisfaction immense. Voilà une vérité que ne sauront pas apprécier, peut-être, l'habitué de bureau, l'homme de profession, les gens de lettres, et tous ceux dont les forces s'étiolent et se perdent tout-à-fait, avant l'âge, faute de travail manuel. Que ceux-là fassent l'essai du travail manuel, et ils y trouveront bientôt, avec le repos de l'esprit et la tranquillité de l'âme, une robuste santé, le plus inestimable des dons de Dieu sur la terre.

Ne serait-il pas également désirable que le principe d'économie sociale que je viens de rappeler, l'amélioration de l'agriculture, engageât le surplus de notre population à se diriger vers la colonisation de nos immenses forêts, ces sources incalculables de richesses encore inexploitées, richesses qui peuvent incontestablement apporter la paix et le bien-être à des milliers de familles aujourd'hui sans ressources ?

Que l'Etat protége l'agriculture ; que nos législateurs et les hommes publics, plus spécialement chargés de cette mission, encouragent, comme ils le doivent, les cultivateurs à étudier et à observer les lois d'une bonne agriculture, et ce pays, qui est déjà reconnu pour un des plus paisibles et des plus heureux, redeviendra, comme par le passé, un des plus productifs du monde entier.

Le Canada, je le répète, comparé aux autres pays dans notre siècle, est prospère, paisible et heureux. Cette paix, ce bonheur, cette prospérité étonnante, au milieu de nos vicissitudes si nombreuses, à quoi les devons-nous, si ce n'est en grande partie à l'agriculture? La nationalité canadienne-française existerait-elle aujourd'hui si la population catholique et française de ce pays, entourée comme elle le fut, il y a un siècle, de ces armées nombreuses d'ennemis de nos croyances et de notre nationalité, n'était pas restée, après la conquête, comme cachée à l'ombre et sous la protection du clocher de nos paroisses agricoles?

Et, dans l'avenir comme par le passé, notre seul espoir de salut comme peuple n'est-il pas dans la possession du sol, dans la colonisation de nos forêts, dans le développement de nos richesses et de notre population par le progrès régulier et intelligent de notre agriculture?

Si nous allions l'oublier, si nous négligions plus longtemps l'agriculture, ne verrions-nous pas reprendre, au premier moment et avec une intensité désastreuse, le fléau de l'émigration, qui déjà nous a fait tant de mal, qui nous a enlevé, en quelques années, une partie notable de la population de toutes nos anciennes paroisses; fléau qui a dévasté, dans ces années dernières, jusqu'à nos colonies les plus nouvelles et les plus prospères, au profit de l'industrie étrangère du peuple voisin? N'avons-nous pas eu la douleur de voir, dans plus d'un endroit, des cultivateurs, propriétaires du sol, abandonner avec leurs familles entières, et sans nécessité pressante, la maison paternelle, où les ancêtres avaient vécu, dans une modeste aisance, et prendre le chemin de l'exil, dans l'espoir d'amasser, plus rapidement peut-être, quelques pièces d'or? Trop souvent, pour satisfaire au luxe sans cesse croissant de la famille, on a cédé à l'attrait d'un travail moins long, dont le salaire pourrait être plus facilement réalisable, mais d'un travail d'esclave et d'esclave exilé de son pays!

J'espère que l'on voudra bien me pardonner ces remarques. Elles se rattachent assez naturellement au sujet qui nous occupe et me paraissent pleines d'à-propos dans la situation particulière de notre province. D'ailleurs, elles font l'éloge de l'agriculture, puisque nous y rattachons sûrement notre bonheur national dans le passé et notre salut dans l'avenir. Oui, nous ne saurions le taire, après Dieu, c'est à l'agriculture que le

Canada français doit d'être ce qu'il est ; c'est dans l'agriculture que réside sa force et sa principale sauvegarde pour les dangers de l'avenir. Or, quel plus bel éloge un patriote pourrait-il faire de cet art divin, de quelle couronne plus brillante et plus glorieuse un Canadien pourrait-il ceindre le front de cette " mère " aussi aimable que noble et utile : " la nourricière du genre humain. "

**

Mais les Canadiens ne sont pas les seuls qui doivent principalement à l'agriculture leur force et leur conservation comme peuple. Pour celui qui étudie l'histoire, il est un fait qui ne peut manquer de frapper l'esprit : c'est l'abaissement progressif et la disparition presque complète de ces nombreuses nations qui, à leur époque, ont rempli le monde du bruit de leur nom, de leur gloire et de leurs conquêtes. Tous ces peuples, avant de se distinguer comme guerriers, étaient devenus prospères par les développements donnés à l'agriculture. Et quel fut le principal sinon l'unique écueil sur lequel ils vinrent se briser, les uns après les autres, si ce n'est l'abandon graduel et le dépérissement de l'agriculture, pour faire place à la recherche immodérée des conquêtes, du butin, des jouissances illicites ? N'est-ce pas là l'histoire des Babyloniens, des Egyptiens, des Grecs et des Romains? Et les Juifs,—ce peuple privilégié, conduit, dans ses beaux jours, par Dieu lui-même,—quelles furent toujours leurs époques de grandeur et de bonheur, si ce n'est celles où, obéissant aux préceptes divins, ils cultivaient la terre? Quelles furent leurs époques de malheur et d'abaissement, sinon celles qui suivaient leurs grandes prospérités, lorsque les greniers juifs regorgeaient, que les caves étaient remplies de vin, que le peuple entier s'était enrichi? Alors, en effet, sourde à la voix divine et immuable du travail, négligeant les durs mais salutaires labeurs des champs, la nation se livrait aux plaisirs défendus, à la recherche des conquêtes injustes mais faciles, et s'attirait par là les châtiments de Dieu.

Si nous recherchons maintenant le secret de la force de certaines nations modernes, de cette vitalité merveilleuse qui permet à certains peuples de traverser sans encombre les époques les plus tourmentées, de renverser tous les obstacles qui s'opposent à leur marche, et d'apparaître, au sortir des tempêtes les plus terribles, aussi forts et plus unis que jamais,—nous trouvons ce secret dans le progrès et le perfectionnement de leur agriculture.

Ainsi, sans les trésors incalculables de l'agriculture française, la France aurait-elle pu échapper au joug de fer du Prussien qui lui demandait, au nom de sa brutale victoire, une rançon que le monde entier jugeait impossible à payer ?

Et comment les pays flamands, ce petit coin de sable sorti de la mer, ce territoire presque imperceptible sur la carte de l'Europe, ont-ils pu se conserver intacts au milieu des diverses puissances qui se les arrachaient les unes après les autres, si ce n'est grâce à la frugalité, à l'activité et à l'intelligence de leur population agricole, la plus dense et la plus laborieuse de l'Europe. Et l'Angleterre, notre nouvelle mère-patrie, cet autre petit pays couvert en grande partie de montagnes, de bruyères, de sable et d'un sol aride, cette vaillante et industrieuse Angleterre pour laquelle les anciens Romains n'eurent que des louanges, ne se distinguait-elle pas déjà, dès cette époque reculée, par ses richesses agricoles ?

Ce peuple anglais si fier, à juste titre, de ce que le soleil ne se couche jamais sur son drapeau qui flotte sur tous les points du monde, ce peuple distingué entre tous les autres par ses conquêtes innombrables, dues plus souvent aux arts de la paix qu'à ceux de la guerre, ce peuple éminemment commerçant et industriel, ne doit-il rien à l'agriculture ? Ai-je besoin de dire que, de tous les pays du monde, c'est l'Angleterre qui occupe le premier rang au point de vue agricole ? C'est l'Angleterre qui obtient les récoltes moyennes les plus élevées dans l'univers entier ; ce sont les Anglais qui ont doté le monde de ces améliorations prodigieuses dans les diverses races de bétail dont les produits ont une valeur qui paraît fabuleuse. C'est encore à l'Angleterre que nous devons les plus grands perfectionnements agricoles de l'âge moderne, entre autres le drainage, l'emploi économique de la vapeur dans la culture de la terre et dans la transformation des récoltes en produits marchands. Et, de toutes les nations de la terre, c'est la nation anglaise qui porte à l'agriculture le plus grand intérêt, qui a l'agriculture en plus haute estime.

Il est bon de rappeler les faits suivants à ces hommes trop nombreux parmi nous qui n'ont que des dédains pour l'agriculture, à ces fils de cultivateurs qui rougissent de leur origine et de l'occupation de leurs ancêtres. S'il est un gentilhomme qui tienne avant tout à sa dignité, au respect et à la considération dus à son rang, c'est bien le gentilhomme anglais. Or il croirait s'abaisser grandement en se livrant à la pratique des professions libérales, du commerce, de l'industrie, et, selon lui, il n'y a que quatre carrières qui soient dignes d'occuper sa vie : le sacerdoce, la diplomatie, les armes, l'agriculture. On a vu de tout temps les plus grands seigneurs anglais, et, encore aujourd'hui, les membres de la famille royale elle-même, se livrer avec persévérance à l'étude et à la pratique de l'agronomie la plus avancée. Notre gracieuse souveraine, la reine d'Angleterre, ainsi que le prince de Galles, se font un devoir et un honneur de diriger personnellement de grandes exploitations agricoles. Ils ne dédaignent pas même d'entrer en lice avec le plus humble de leurs sujets dans les grands concours nationaux d'agriculture, dont l'Angleterre s'honore à juste titre. Notre mère-patrie se fait un devoir de répéter ces concours, chaque année, dans plusieurs parties du pays à la fois, afin de porter partout les meilleures pratiques agricoles.

Pour finir, qu'est-ce qui fait le caractère distinctif de la Chine, cette nation, la plus ancienne du monde, dont l'origine se perd dans la nuit des temps, si ce n'est ses lois agricoles si sages qui, de temps immémorial, ont accordé à l'agriculture le haut rang qu'elle mérite ; lois qui ont fait que le sol a pu suffire aux besoins d'une population innombrable sans jamais perdre de sa fertilité première, et qui peuvent se résumer dans ces quelques mots : rendre scrupuleusement à la terre, mais sous une autre forme, ce que l'agriculture lui enlève.

*_**

Envisageons maintenant, pour un instant seulement, l'agriculture au point de vue du développement intellectuel qu'elle exige dans son perfectionnement.

Outre le travail du corps et les qualités de l'esprit indispensables au succès de toute occupation humaine, l'agriculture demande, plus que toute autre carrière, dans la solution des divers problèmes que soulève cet art vraiment merveilleux, le concours et l'appui des connaissances les plus profondes et des sciences les plus variées. Je ne saurais mieux compléter l'éloge de l'agriculture qu'en démontrant cette vérité incontestable et d'un intérêt pratique dans les conditions actuelles de notre pays.

En effet, l'agronome qui voudrait approfondir les nombreuses questions qui se rattachent à son art et qui influent directement sur ses résultats, ne saurait embrasser pendant sa vie toutes ces études, tant elles sont vastes et variées. Ainsi les *mathématiques* servent d'introduction indispensable à l'étude des autres sciences qui ont rapport à l'agronomie ; la *physique* nous explique d'abord la *mécanique*, science nécessaire à l'étude des diverses machines et outils dont s'entoure l'agriculture moderne ; puis la *pneumatique* qui, traitant de l'air et des lois qui le gouvernent, nous fait connaître l'action du *baromètre*, des diverses *pompes*, du *syphon*, le pouvoir du *vent*, la *ventilation*, etc. ; l'*hydrostatique*, loi des fluides, qui sert l'agriculture dans ses *presses* et ses *béliers hydrauliques*, ses *pouvoirs d'eau*, qui indique la résistance à apporter aux rives de nos cours d'eau, de nos ruisseaux, etc. ; l'*électricité*, fluide étonnant, que l'agriculture ne connaissait autrefois que par ses fureurs et ses désastres, et que les savants étudient aujourd'hui avec une grande curiosité, dans ses rapports étranges mais intimes avec la croissance des plantes, leur décomposition, etc. ; le *magnétisme*, autre puissance, en rapport avec la *lumière*, la *chaleur* et l'*électricité*, qui fait depuis quelque temps la base de tout un système étrange de culture ; la *chaleur*, force impondérable, mais d'un effet constant et merveilleux, qui nous entraîne dans une foule d'études et de recherches, sur la *vapeur* et ses *pouvoirs*, les divers *combustibles* et leur valeur comparative, la *rosée*, etc. ; la *lumière*, principe actif et indispensable dans la croissance et la maturité des plantes. La *chimie*, cette science aux mille faces, qui malgré ses progrès incontestés dans notre siècle, fait souvent le désespoir des savants qui s'y livrent, - a déjà enrichi d'une manière étonnante l'agriculture moderne. Elle tend à révolutionner complètement les divers systèmes de culture connus jusqu'à nos jours ; c'est elle qui nous permet de tirer de la terre et d'utiliser ces engrais minéraux, d'une telle valeur qu'ils surpassent en bons effets tous les engrais animaux les plus précieux ; c'est elle encore qui nous apprend à décomposer les corps pour en former de nouveaux, qui nous explique les effets des matières fertilisantes, qui nous indique ce qui manque à la fertilité du sol et nous enseigne à y suppléer ; elle nous montre également avec précision, la valeur nutritive des divers produits agricoles et nous fait connaître le moyen de les convertir avec profit en *graisse*, en *chair* et en *os*.

Cette énumération est déjà bien longue ; j'y ajouterai cependant encore la *météorologie*, la *géologie*, la *botanique*, la *zoologie*. Voilà quelques-unes des nombreuses sciences qui viennent apporter leur hommage et leur tribut à l'agriculture.

Dans tous les pays où la culture est en honneur, les fils intelligents et instruits des cultivateurs, cultivateurs eux-mêmes, se livrent souvent avec ardeur à l'étude de ces diverses sciences, dans le but de les faire servir à l'agriculture. Comme conséquence de leurs efforts on a vu la mécanique produire ces instruments perfectionnés qui remplacent des milliers de bras, la chimie donner la réputation, les honneurs et la fortune à des milliers d'individus, la zoologie et l'anatomie permettre de transformer les diverses races de bétail, transformation qui a eu pour résultat de faire surgir des fortunes considérables et de donner en même temps la renommée et les distinctions à quelques-uns de ces heureux transformateurs. Combien d'autres carrières spéciales ne se rattachent-elles pas à l'agriculture quand celle-ci est raisonnée et bien faite ? Et quel avenir pour nos enfants, si nous savions diriger leur intelligence vers l'étude de cette science agricole qui fait présentement la richesse et la force de plusieurs nations !

Je voudrais pouvoir parler, dans cet essai, de ces industries connexes, qui ont transformé des contrées entières, qui ont fait marcher de pair l'industrie la plus active, l'étude des sciences la plus profonde et l'agriculture la plus parfaite, assurant par-là aux individus, comme à l'Etat, la richesse la plus solide et la prospérité la plus durable. On peut dire avec certitude que les industries connexes à l'agriculture sont à cet art sa plus riche couronne, son dernier perfectionnement.

**

Je m'arrête ici. Je crois avoir démontré que l'agriculture est d'origne divine, qu'elle a été enseignée à l'homme par Dieu lui-même, au temps où il devait jouir d'un immortel bonheur sur cette terre ; que le travail manuel qu'elle exige est encore pour l'homme une source de force et de jouissance ; que l'agriculture est également la sauvegarde des familles et des nations ; qu'enfin elle offre une carrière noble, féconde, intellectuelle et scientifique, digne d'occuper les meilleurs et les plus solides esprits.

II.—CE QU'EST L'ART AGRICOLE AU CANADA.

L'art agricole, dans tout pays, se résume ainsi : faire produire à la terre les plus gros revenus nets sans l'épuiser. Afin d'arriver à ce résultat, il faut: 1o Faire disparaître tout ce qui pourrait nuire à la culture : les arbres, les souches, les broussailles, les pierres ; 2o Enlever du sol l'excédant d'eau qu'il peut contenir et qui pourrait nuire à la croissance des plantes utiles ; 3o Ameublir la terre, afin qu'elle couvre convenablement la semence et que celle-ci puisse y trouver la nourriture nécessaire à son complet développement ; 4o Détruire, autant que possible, les plantes adventices et inutiles qui nuisent à la production que le cultivateur veut obtenir ; 5o Enrichir le sol en lui rendant les matières fertilisantes que les récoltes lui ont enlevées et en y ajoutant ce qui pourrait manquer à la nourriture des plantes que l'on cultive ; 6o Semer dans des conditions favorables, après avoir fait le choix des semences qui devront donner au cultivateur les meilleurs résultats ; 7o Tirer le meilleur parti possible des récoltes obtenues, soit en les vendant en nature, soit en les transformant en d'autres produits également du ressort de l'agriculture, mais de plus de valeur.

Ce court résumé de principes, d'application universelle, nous aidera à établir plus clairement ce qu'est l'art agricole au Canada. Il pourra nous servir également dans nos recherches sur les moyens à prendre pour faire progresser l'agriculture dans notre pays.

Depuis cinquante ans, surtout, l'agriculture a fait de bien grands progrès. Ainsi, au moyen du drainage, qui consiste en des canaux souterrains suffisamment profonds pour enlever toute l'eau surabondante retenue à trois ou quatre pieds de la surface du sol, on est arrivé à augmenter les récoltes du double et du triple de ce qu'elles étaient auparavant, tout en rendant la culture plus facile, plus rapide et moins coûteuse. Par le drainage, les terres humides, compactes et difficiles à façonner, deviennent légères, friables et assez riches pour se travailler même dans les saisons les plus pluvieuses. Le sous-sol, au lieu de rester froid, mouillé et aussi impropre à toute végétation que le serait le roc, devient, à la suite du drainage, parfaitement ameubli ; l'eau, en se retirant, laisse de nombreux interstices par lesquels entrent l'air, la pluie, la chaleur, et toutes les sources de fertilité qu'ils contiennent. Le sous-sol, devenant spongieux, retient l'humidité pour la rendre au sol à mesure que la grande sécheresse en dessèche la surface. La masse entière qui recouvre les drains, devient comme un immense laboratoire où se prépare toute la nourriture nécessaire aux récoltes que porte le sol. De plus, le drainage, en forçant l'excès d'eau de s'écouler en toute saison, l'hiver comme l'été, permet à la chaleur de pénétrer profondément la terre dès le printemps ; puis la chaleur se concentrant dans le sous-sol pendant l'été, réchauffe la surface pendant l'automne ; c'est ainsi que le drainage allonge de plusieurs semaines la saison de végétation : avantage incalculable dans notre climat rigoureux.

A la suite, et comme conséquence du drainage, sont venus les labours sous-sol, qui doublent la quantité de terre dans laquelle vivent les plantes, et augmentent ainsi les récoltes d'une manière notable.

Dans notre siècle, on est également arrivé à transformer les races d'animaux domestiques, de façon à leur faire produire plus vite et en plus grande abondance, le bœuf, le mouton, la laine, le lard, et cela, tout en économisant la nourriture le plus possible. C'est également dans ces dernières années que la science s'est livrée plus particulièrement à l'étude pratique des questions agricoles. Comme nous l'avons dit plus haut, nous lui devons, entre autres bienfaits, les engrais artificiels, les découvertes dans la théorie de l'alimentation, qui rendent beaucoup plus économique l'élevage des bestiaux et la production de viandes, du fromage et du beurre. C'est également depuis la même époque que la science nous donne ces machines et ces outils améliorés, de tous genres, qui facilitent nos divers travaux et remplacent si économiquement les bras qui manquent.

Toutes ces grandes découvertes, même les plus récentes, sont connues dans notre pays. Elles y sont utilisées par un certain nombre de bons cultivateurs. Le Canada possède des agronomes distingués dont quelques-uns, les Cochrane, les Beatty, les Snell et d'autres, se sont fait une réputation enviable, comme éleveurs, en Europe et aux Etats-Unis. Notre province a produit les plus beaux types de la race " Durham." Les journaux d'Europe rapportent que, dernièrement, M. Cochrane, cultivateur à Compton, dans nos cantons de l'Est, a vendu en Angleterre plusieurs animaux de cette race à des prix presque fabuleux. Il aurait obtenu, paraît-il, l'énorme somme de $21,525 pour une seule génisse, de six mois, vendue à l'encan. Cette génisse est, au dire des connaisseurs, le type le plus parfait qui existe de cette race Durham si universellement estimée.

De même, dans l'élevage des races chevalines, le Canada s'est distingué depuis longtemps. Des exportations récentes et nombreuses nous font espérer que le marché européen absorbera bientôt, à des prix rémunératifs, tous les bons chevaux que nous pourrons expédier.

Depuis deux ans l'exportation des animaux de boucherie devient une des exploitations commerciales les plus importantes. L'élevage du bétail promet de devenir une de nos principales sources de richesse. Mais, bien qu'un certain nombre de nos compatriotes se distinguent déjà dans l'élevage du bétail et disputent aux éleveurs d'origine anglaise les prix offerts, dans nos concours provinciaux, aux différentes races de bétail, il nous reste encore de grands progrès à faire si nous voulons tirer un bon parti de l'exportation en Europe des produits de nos animaux domestiques.

La fabrication et l'exportation du fromage canadien ont également pris un développement extraordinaire dans ces dernières années. Cette exploitation mérite toute l'attention du cultivateur. Elle peut s'augmenter encore et prendre des proportions incalculables si l'on s'applique à ne fabriquer et à n'exporter que du fromage de première qualité.

Il en serait de même du beurre si nous savions le produire d'une qualité supérieure et uniforme. On constate que le beurre importé en Angleterre, de la Normandie. du Danemark, de la Suède et de la Norvège se vend régulièrement le double du prix que l'on obtient pour le beurre du Canada sur le même marché. Ce fait remarquable est dû uniquement au grand soin que l'on apporte dans la fabrication du beurre dans les pays en premier lieu nommés, et au peu de soin au contraire que l'on donne généralement à celui du Canada.

L'on voit dans les diverses provinces de notre pays, mais surtout dans Ontario, un bon nombre de cultures bien faites. Elles sont assez souvent citées comme modèles dans les meilleurs journaux d'agriculture des Etats-Unis. Quelques-unes de ces cultures feraient honneur aux agronomes les plus distingués dans n'importe quel pays.

Dans la province de Québec, dont nous devons nous occuper ici d'une manière toute spéciale, on constate depuis quelques années des améliorations notables en agriculture. Dans plusieurs paroisses, bon nombre de cultivateurs ont l'ambition d'améliorer leur culture et de faire mieux que leurs voisins. On trouve partout, même parmi les familles les plus à l'aise, des cultivateurs qui ont acquis eux-mêmes tout ce qu'ils possèdent, et cela par leur travail opiniâtre et leur stricte économie. Je pourrais nommer quelques paroisses où des progrès remarquables de tout genre se généralisent parmi la masse des cultivateurs, à la suite de l'heureuse initiative d'un ou de deux hommes intelligents et désireux de faire progresser l'agriculture.

Malheureusement, à côté de ces succès partiels, il faut
également reconnaître que la masse de nos cultivateurs
d'origine française n'est pas encore entrée dans la voie
du progrès ; que la plupart de nos terres ne produisent
plus que le tiers de ce qu'elles produisaient autrefois,
qu'un grand nombre de familles s'appauvrissent de plus
en plus, et qu'elles devront tôt ou tard, à moins d'un
changement complet dans leur culture, abandonner la
propriété que leurs ancêtres leur ont léguée après y
avoir vécu dans l'abondance pendant des générations.

Il est facile d'établir qu'autrefois nos terres donnaient
de 25 à 40 minots de blé par arpent. Aujourd'hui, la
moyenne du rendement en blé est d'environ 9 minots ;
il n'est plus que de 4 à 5 minots dans les endroits où l'on
suit encore l'ancien système, qui consiste à cultiver du
blé tous les deux ans, sur la même terre, sans engrais, et
aussi longtemps que le blé ne vient pas à manquer tout-à-
fait, comme dans les plus anciennes paroisses du Saguenay, par exemple. La production, dans toutes les cultures, a également diminué dans des proportions ex-
trêmement regrettables.

Il importe de constater la cause de cette diminution si
grande dans le rendement du sol. Or, nous ne craignons
pas de l'affirmer, cette cause réside uniquement dans
l'ignorance ou l'oubli presque général des principes élémentaires de l'agriculture parmi la population canadienne-française. Mais cette ignorance, que nous sommes
forcés d'admettre, n'est nullement due au manque d'in
telligence chez notre population rurale. Il est facile
de prouver qu'aucun peuple au monde ne surpasse le
nôtre quant au sens pratique, au jugement et aux
qualités intellectuelles. Malheureusement notre population agricole n'a jamais eu l'occasion d'apprendre les
principes d'une bonne agriculture, et elle ne le pourra
pas sans un grand effort de la part de ceux qui ont mission de l'éclairer.

Nos ancêtres furent, pour le plus grand nombre, des
artisans, des navigateurs et des soldats. Pour les attacher
à la culture de la terre, il fallut des encouragements
considérables de la part des gouvernants, puis des lois qui
rendaient très-onéreuses les commutations de propriété,
puis enfin des règlements qui retenaient, forcément en

quelque sorte, les colons au pays. Notre histoire ne nous parle nulle part d'efforts individuels ou autres pour l'amélioration de l'agriculture, si ce n'est des soins intelligents de Louis XIV et de Colbert, au début de la colonie, soins qui furent tout à fait négligés après eux. (1)

A la suite des premiers défrichements, la terre produisait avec une telle abondance que personne ne pouvait songer à lui demander davantage. Les richesses accumulées dans le sol, depuis la création, purent suffire aux besoins d'une végétation luxuriante pendant plusieurs années consécutives. Et lorsque vinrent les années de diminution, de 1830 à 1850, on pensa que les mauvaises récoltes étaient dues plutôt à des causes atmosphériques ou inconnues qu'à l'appauvrissement graduel du sol. C'est ainsi qu'aujourd'hui encore, un grand nombre de personnes attribuent la production minime de nos terres à la rigueur du climat, oubliant que le climat n'a guère changé en ce pays depuis deux cents ans, mais que deux siècles de culture, sans engrais et sans soins, ont nécessairement appauvri la terre.

Malheureusement, fort peu de personnes, dans notre province, se rendent un compte exact du dépérissement graduel de notre agriculture et des causes qui l'ont amené ; fort peu de cultivateurs mettent en pratique les principes si élémentaires que nous avons rappelés, au commencement de ce chapitre. Il est pénible de l'avouer, mais il faut l'admettre : la masse des cultivateurs canadiens-français ignore les premiers principes d'une bonne agriculture. Dans le plus grand nombre de nos paroisses, il n'y a guère une seule terre qui ait été engraissée d'un bout à l'autre, depuis son déboisement.

On voit presque partout des brouissailles ou des pierres qui couvrent une partie des terres en culture. L'assainissement superficiel des sols humides, à quelque excep-

---

(1) C'est à Louis XIV que notre province doit la magnifique race de chevaux dits canadiens. De nombreux et très-beaux types nous furent envoyés à diverses reprises, de France, par ordre de Colbert. Ils furent distribués aux meilleurs colons, dans toutes les parties du pays, à des conditions très-favorables. C'est ainsi que l'on a vu partout, en ce pays, jusqu'à ces dernières années, une même race d'excellente qualité. Voir l'abbé Faillon.—" Histoire de la colonie française en Canada. "

t'on près, est pratiqué de la manière la plus primitive et laisse énormément à désirer. On peut dire également qu'aucun effort n'a été fait jusqu'ici, par la masse des cultivateurs, pour arriver à la destruction des mauvaises herbes. On en voit partout ; elles se sont emparées du meilleur de nos terres, et elles menacent de tout envahir. L'ameublissement nécessaire à la bonne production de la terre fait généralement défaut ; les labours se font sans précaution et à la hâte ; ils sont le plus souvent très-mauvais. La terre est si mal hersée que, presque partout, les effets du hersage sont à peine visibles. Les labours en travers, dont l'effet serait d'ameublir et de nettoyer la terre, sont presque inconnus. On laboure tellement à la hâte et une si grande partie de sa terre, qu'on ne saurait songer à labourer quelques pièces une seconde fois la même année.

Le scarificateur et le rouleau brise-mottes, pourtant si utiles, ne sont presque pas connus. Le choix de bonnes semences est l'exception ; l'ensemencement de grains chétifs, mélangés et remplis de graines nuisibles est la règle. Quelques maigres animaux, nourris uniquement à la paille, pendant l'hiver, sont, en général, les seules sources d'engrais pour chaque terre ; et encore laisse-t-on perdre une partie notable de ces pauvres fumiers avant d'utiliser ce qui reste. On fait du beurre ; mais la plupart des fermiers le font avec si peu de soin, les vaches sont si peu nombreuses, si maigres et si chétives, les pâturages si mauvais, que le beurre est rarement de première qualité. Aussi n'en obtient-on que le plus bas prix sur nos grands marchés. Pour une tinette de bon beurre, l'on en compte cinquante de qualité très-inférieure. En Angleterre, comme je l'ai dit plus haut, le beurre canadien ne se vend, en moyenne, que la moitié du prix qu'obtiennent nos cousins de la Normandie. Enfin, d'un bout à l'autre de la province de Québec, quelles que soit la diversité des circonstances et les différences de sol, de climat, de marchés, on cultive partout les mêmes produits, et presqu'exclusivement les mêmes grains, au risque d'inonder un marché déjà trop restreint. On cherche trop rarement à transformer ces produits sur la terre, en bonne viande de boucherie, en fromage ou en beurre de première qualité, tels qu'on les demande pour l'exportation en Europe. C'est ainsi que l'on appauvrit la terre et que l'on s'appauvrit soi-même !

Il nous faut bien avouer que, depuis l'abrogation du traité de réciprocité avec les Etats-Unis, nos marchés sont facilement encombrés, et que la crise financière et la ruine de nos principales industries nationales n'ont pas peu contribué à rendre de plus en plus pénible la position du cultivateur. Mais ces derniers malheurs n'ont fait qu'empirer un état de choses déjà très-critique dont la cause principale réside, je le répète, dans l'ignorance presque générale, chez nos compatriotes d'origine française, des principes élémentaires d'une bonne et saine agriculture.

Voilà un tableau bien sombre et fort désagréable à contempler pour tout homme qui aime son pays. Et cependant, qui oserait dire, consciencieusement, qu'il est surchargé ? (1)

III. DES MOYENS DE FAIRE PROGRESSER L'AGRICULTURE DANS NOTRE PROVINCE.

On ne s'attendra pas, sans doute, à trouver dans cette étude, dont le cadre est d'ailleurs clairement défini par les règlements du concours de l'Institut Canadien de Québec, un traité sur l'art de cultiver la terre avec profit. Tout travail de ce genre serait ici un hors-d'œuvre. On demande quels sont les moyens à prendre pour faire progresser l'agriculture dans tout le pays.

. Ces moyens, je vais les indiquer dans cette troisième partie. On les trouvera peut-être d'un caractère un peu radical, mais, en définitive, les changements d'organisation que je propose sont faciles à opérer.

(1) Tableau de la production du blé par acre dans différentes contrées (minots de 64 lbs.)

Angleterre, .	29 minots.	
Prusse (Poméranie seulement),	26 "	
Belgique,	24 "	
Hollande,	19 "	
France,	16½ "	
Etat-Unis,	11 "	
Canada,	10⅛ "	
" Neuvelle-Ecosse,	11¾ "	d'après le recensement de
" Nouveau-Brunswick,	10¾ "	1877.
" Ontario,	10½ "	
" Québec ! !	8¼ "	

La législature du Canada a constaté, dès 1850, d'une manière officielle et très-exactement, les défauts de l'agriculture dans la province de Québec. Dans la suite, au milieu des luttes si vives de la politique, et des questions si arducs qu'il a fallu résoudre, le Parlement s'est efforcé de remedier au mal signalé par l'enquête législative. C'est ainsi que les octrois en faveur de l'agriculture furent doublés ; que les sociétés d'agriculture furent partout encouragées ; qu'on organisa à grands frais des expositions provinciales ; qu'on établit des écoles d'agriculture, et qu'enfin, on créa, dans l'administration locale de Québec, lors de la Confédération, un département spécial, ayant pour chef un ministre dont la mission est de diriger l'agriculture et les travaux publics. En 1869, on créa le conseil d'agriculture, dans l'espoir de remplacer avantageusement l'ancienne chambre d'agriculture du Bas-Canada. Depuis 40 ans on a encouragé plus ou moins, de temps à autre, la publication de journaux agricoles et on a fait donner, dans ces dernières années, mais pendant quelques mois seulement, des causeries sur l'agriculture, dans plusieurs paroisses du pays. On peut évaluer à $70,000, environ, les dépenses annuelles que le gouvernement de cette province s'impose, sous une forme ou sous une autre, en faveur de l'agriculture. La somme totale ainsi dépensée dans cette province, depuis trente ans, doit approcher $2,000,000 (deux millions de piastres).

On le voit, des efforts considérables ont déjà été faits dans le but d'améliorer l'agriculture dans cette province. Avant donc de songer à de nouveaux moyens, il est bon d'établir ce qu'est notre organisation agricole, et d'en signaler le côté faible.

La loi d'agriculture qui nous régit depuis 1869, donne au commissaire d'agriculture et des travaux publics la direction complète et le contrôle absolu du conseil d'agriculture, des écoles et des sociétés d'agriculture. C'est en définitive le commissaire qui porte seul la responsabilité du bon ou du mauvais fonctionnement de toute notre organisation agricole.

Cependant, il appert par les rapports officiels publiés sous l'autorité du commissaire, que jusqu'à 1875 la loi d'agriculture était restée lettre morte, quant à la direction que doit donner le commissaire. Il y appert de plus que l'état des sociétés d'agriculture est très-peu satisfaisant. Ces documents officiels semblent même admettre que les résultats obtenus ne sont nullement en rapport avec les dépenses faites pour l'amélioration de l'agriculture. On va jusqu'à s'y demander si les progrès obtenus ne se seraient pas également opérés sans l'intervention et les allocations du gouvernement.

Voici d'ailleurs ce qu'on peut lire à la première page du rapport du commissaire d'agriculture pour l'année 1874 : " En dehors de la routine administrative, notre département exerce peu d'influence directe sur l'organisation agricole : c'est au conseil d'agriculture qu'est réservée la direction du mouvement agricole."

On le voit, le commissaire d'agriculture avoue ne point diriger la partie agricole de son département : il laisse cette direction au conseil d'agriculture. Or ceci semble directement contre la loi. (1)

---

(1) Voici ce que dit l'acte d'agriculture à ce sujet (32 Vict., ch. 15, 1869, clause 40) :

" Tous les pouvoirs et devoirs administratifs ayant trait au contrôle et à la régie des sociétés d'agriculture et des institutions d'enseignement agricole sont par le présent conférés au COMMISSAIRE qui recevra leurs rapports annuels, leur paiera l'octroi provincial établi en leur faveur et leur donnera des instructions propres à assurer l'entier accomplissement des règlements généraux ou spéciaux adoptés à leur égard par le conseil d'agriculture, et il aura le pouvoir, en cas de contravention, de suspendre le paiement de la subvention à ces sociétés ou institutions et, avec l'approbation du lieutenant-gouverneur en conseil, de la supprimer."

Et la clause précédente dit : " Tout règlement passé par le conseil d'agriculture, toute résolution ou mesure adoptée par le dit conseil, DEVRONT ÊTRE SOUMIS A L'APPROBATION DU LIEUTENANT-GOUVERNEUR EN CONSEIL AVANT DE POUVOIR ÊTRE MIS A EXÉCUTION."

Par ces clauses, il appert clairement que le commissaire doit diriger le conseil d'agriculture comme les sociétés, et qu'aucun acte du conseil ne doit être mis à exécution avant d'avoir été approuvé.

Cependant, que lit-on, à la page 29 du rapport général du département de l'agriculture pour l'année 1875 ? On ne le croirait pas, si ce n'était là, en toutes lettres : pendant les six premières années du fonctionnement du conseil d'agriculture, pas une seule des résolutions du conseil n'a été approuvée ! Et cependant on a acheté des terrains considérables, on y a érigé des bâtisses pour les expositions provinciales, on a fait des règlements *obligatoires* (?) pour les sociétés d'agriculture, et que sais-je encore.

Voici ce que dit M. Browning dans le rapport auquel je fais allusion :

" DÉLIBÉRATIONS DU CONSEIL.—Avant de terminer, il est de mon devoir d'attirer l'attention du conseil, bien que j'hésite à le faire, sur un sujet

Quant au fonctionnement des sociétés d'agriculture, M. Lesage, assistant-commissaire, dit (voir même rapport de 1874) :

" Suivant votre décision (du commissaire) nous n'avons pas inséré ici les rapports financiers des sociétés d'agriculture, à cause des irrégularités qui s'y rencontrent." Il ajoute plus loin : " Il est à regretter que les concours (pour les terres les mieux tenues) de même que les partis de labours ne soient pas en plus grande faveur auprès de la majorité des cultivateurs. Au lieu de les considérer comme les plus sûrs moyens de généraliser les améliorations agricoles, un grand nombre de sociétés cherchent à en être exemptées."

Il est encore établi à la page CLVI du même rapport, que bien que les concours de labours soient obligatoires, et que si les sociétés les négligent elles doivent perdre l'octroi du gouvernement, il n'y a que 19 sociétés sur 80 qui se soient conformées à ce règlement obligatoire. De fait, pour qui lit attentivement les divers rapports officiels publiés par le commissaire d'agriculture, il est évident que la surveillance exercée sur les sociétés d'agriculture est à peu près nulle, que des pertes d'argent considérables en sont résultées et qu'il s'est glissé bien des abus. Et cependant toutes les sociétés, indistinctement, reçoivent chaque année leur octroi, tout comme si elles se conformaient à la loi !

de la plus grande importance : il s'agit de la 39e clause de l'acte d'agriculture, qui se lit comme suit :

" Tout règlement passé par le conseil d'agriculture, et toute résolution ou mesure adoptée par le dit conseil, devront être soumis à l'approbation du lieutenant-gouverneur en conseil, avant de pouvoir être mis à exécution."

" Maintenant, quand j'aurai informé le conseil qu'aucun de ses actes ou procédés n'a été approuvé, nonobstant toutes les démarches qui ont été faites dans ce sens, en vue de se conformer à la loi, et bien que copie des délibérations du conseil ait été régulièrement transmise à Québec, après chaque réunion, dans le but d'obtenir cette approbation, je laisserai au conseil à décider s'il ne serait pas à propos d'essayer d'obtenir la révocation de cette clause, ou, du moins, de la faire amender à la prochaine session du Parlement de Québec, puisqu'il est évident que, d'après le mode suivi jusqu'à présent, nous procédons de la manière la plus irrégulière et que nous nous trouverons, tôt ou tard, en face de sérieux embarras en raison de ce que nos actes peuvent être à tout moment *attaqués de nullité*, par le fait de cette absence d'approbation."

Signé : J. M. BROWNING, Président C. A. P. Q.

4

De son côté, M. Browning, ci-devant président du conseil d'agriculture, admet, dans ses rapports annuels, que l'état des choses est loin d'être satisfaisant. Voici ce qu'il dit à la page 23 du rapport général du département de l'agriculture de 1875.

"On n'a pas donné jusqu'à présent aux rapports annuels des sociétés d'agriculture toute l'attention que mérite cet important sujet, plusieurs rapports ayant été reçus, bien que sous une forme des plus incomplètes et des plus inexactes, tandis que d'autres sociétés n'en ont transmis aucun."

M. Browning s'étend ensuite longuement sur les inconvénients qui s'en suivent, et demande que la loi soit mise à exécution, ou qu'elle soit amendée.

En voilà assez pour prouver que la surveillance sur les sociétés, soit par le commissaire de l'agriculture, soit par le conseil, n'est pas efficace, et même que la loi d'agriculture est lettre morte quant à la direction à donner aux sociétés.

Voyons maintenant ce qu'ont été les résultats obtenus, au prix de $2,000,000 environ, dépensées depuis trente ans, en vue de l'amélioration de l'agriculture. Voici ce que M. l'assistant-commissaire écrit à ce sujet dans son rapport de 1874, (page 1).

"Sous forme d'introduction au compte-rendu des opé rations qu'il dirige, le Rév. M. Buteau," de son vivant, supérieur de l'école d'agriculture de Sainte-Anne, " se demande si les subventions accordées depuis vingt ans aux sociétés d'agriculture ont produit un résultat proportionné au montant d'argent qu'elles ont absorbé ; et il arrive à la conclusion que la masse des cultivateurs n'en a guère profité, *et que les progrès qui se sont accomplis durant cette période de temps auraient pu s'accomplir sans l'intervention des sociétés d'agriculture et sans les octrois qui leur ont été distribués.* C'est là une assertion hardie, et qui mérite d'être prise en considération par notre législature, attendu que le savant directeur de Sainte-Anne n'a pas dû la faire à la légère."

On le voit, M. l'assistant-commissaire lui-même, qui connaît tout aussi bien que personne notre organisation agricole, et qui, certes, fait de son mieux pour l'améliorer, n'ose pas affirmer le contraire de ce que disait

M. Buteau ; il va jusqu'à attirer l'attention de la législature sur ce sujet si sérieux.

Si nous remontons maintenant à 1850, et si nous cherchons ce qu'était alors l'agriculture et quelle était l'action des sociétés d'agriculture à cette époque, il sera facile d'établir que le progrès agricole, depuis trente ans, n'est guère dû à notre organisation officielle ni aux énormes sommes dépensées par le gouvernement dans l'espoir d'améliorer l'agriculture. Voici un extrait du rapport du comité spécial nommé, en 1850, pour s'enquérir de l'état de l'agriculture dans le Bas-Canada, des moyens de l'améliorer et de faciliter l'établissement des terres incultes, qui prouve notre avancé. (1)

On lit dans ce rapport : " que les études que le comité a été obligé de faire l'ont mis à même de pouvoir affirmer que l'agriculture a fait beaucoup de progrès depuis un certain nombre d'années " que l'élan est donné, l'apathie passée......(2)." Le comité ajoute : " C'est surtout dans ce moment que les bonnes récoltes semblent revenir, qu'il importe de profiter de l'expérience récente qu'à donnée le malheur, afin d'engager la population des campagnes à employer tous les moyens qu'une nouvelle prospérité pourra leur fournir, et prevenir de nouvelles misères."

On voit par ces extraits qu'il y avait, en 1850, un commencement de progrès assez marqué. Ces progrès se sont continués depuis, mais il n'y a rien pour démontrer que l'amélioration que l'on constate de nos jours ne se serait pas faite sans l'organisation actuelle. Au contraire, nous n'avons qu'à voir ce qu'étaient alors les sociétés d'agriculture, pour établir clairement que nos sociétés actuelles, en général, ne sont pas meilleures qu'elles étaient il y a trente ans. Nous pouvons dire que la plupart valent moins, car depuis ce temps on a continué les erreurs graves qui étaient signalées à cette époque déjà reculée. Et aujourd'hui, le mal est devenu tel qu'il faudra un effort bien grand et bien persévérant pour le détruire.

(1) Voir appendice T. T. Documents de la Session 1850, No. 2, vol. 9.
(2) Je crois devoir citer, en appendice, plusieurs extraits de ce rapport important. On y verra que les conseils qui y sont donnés par les hommes les plus marquants de notre province, s'appliquent aujourd'hui tout comme si cette enquête agricole venait d'être faite.

Au sujet de ces sociétés d'agriculture, voici ce que constate l'enquête déjà citée : " Les sociétés d'agriculture, telles qu'elles existent et qu'elles sont conduites aujourd'hui (1850) ont fait du bien, il n'y a pas à en douter, mais il est certain qu'elles n'ont pas produit tous les résultats qu'on en attendait. Dans bien des cas, les dépenses contingentes et les frais de gestion se sont montés à des sommes exorbitantes, eu égard aux moyens de ces sociétés."

Un autre défaut est signalé dans le rapport de la société du Bas-Canada pour cette année (1850) :

" *Les bienfaits des expositions*," dit le rapport, " *sont généralement retirés par nos meilleurs cultivateurs, capitalistes et autres personnes possédant des terres en bon ordre, tandis que ceux qui ont réellement besoin d'instruction, et d'encouragement sont virtuellement exclus.*"

J'ai souligné ces dernières lignes qui indiquent clairement le mal d'aujourd'hui comme celui d'alors. La législature, toute entière a reconnu ce mal, il y a déjà vingt-huit ans; quelles mesures avons-nous prises pour le faire disparaître? Je réponds : nous avons dépensé deux millions de piastres, sans presque aucun résultat utile, et, par notre apathie et notre négligence, ce mal s'est enraciné plus profondément que jamais !

Quant à nos expositions provinciales, elles nous coûtent près de \$20,000 chacune. Elles nous laissent presque toujours un déficit de \$12,000 à \$15,000, que la législature et les cités intéressées ont à combler. Ainsi, en 1877, la ville de Québec, tout endettée qu'elle soit, a voté \$6,000 en faveur de la dernière exposition provinciale, et cependant la législature s'est vue dans l'obligation de voter, à la dernière session, une somme additionnelle de \$8,000 environ, pour combler le déficit. Et combien de cultivateurs pratiques, et surtout de cultivateurs d'origine française, ont participé à cette exposition ? Les exposants d'origine française étaient peu nombreux ; les races d'animaux étrangères au pays ont seules été primées, et un petit nombre de grands éleveurs, qui pour la plupart ont fait leur fortune dans le commerce et l'industrie, ont enlevé la masse des prix. L'exposition d'animaux et de produits agricoles provenant des districts de Québec et de Trois-Rivières était à peu près nulle. Et pourquoi ?

parce que l'on n'a pas su encourager nos cultivateurs à améliorer leurs cultures et leurs produits, et qu'on ne prend pas les moyens de les attirer à ces expositions.

L'extrait du rapport de la chambre d'agriculture du Bas-Canada pour 1850, que je viens de reproduire, s'applique encore aujourd'hui et à la lettre à presque toutes les expositions de comtés. Personne n'osera affirmer le contraire, j'en suis bien sûr. On le sait, moyennant une souscription, *bonâ fide*, de $266, le gouvernement donne tous les ans un octroi de $666 à chaque société d'agriculture de comté. Je ne parlerai pas de la *bonne foi* qui règne dans certains comtés, au sujet de ces souscriptions. Malgré les affidavits si positifs qu'il faut faire, les initiés savent quelle espèce de *bonne foi* on apporte assez communément à ces souscriptions! Puis on fait chaque année, ou à peu près, des expositions. Or quel en est généralement le résultat ? La plupart des hommes impartiaux seront forcés d'admettre que d'ordinaire ces expositions servent uniquement à distribuer, le plus également possible, sous forme de prix, le gros de l'octroi du gouvernement entre trente ou quarante personnes tout au plus, de manière à encourager ces mêmes personnes à souscrire de nouveau, l'année suivante, environ un dixième de ce qu'elles ont reçu. Le reste de la souscription s'obtiendra, là où il n'y a pas de fraude, en donnant gratuitement, à même l'octroi du gouvernement, des graines fourragères qui sont distribuées aux frais de la société. Puis si la souscription n'est pas complète, en supposant toujours l'absence de fraude, on quêtera de porte en porte, chez les deux députés du comté, le sénateur, les curés, les marchands. Il va sans dire qu'on n'oublie pas de faire souscrire l'aubergiste chez lequel se donne *le grand dîner* que les directeurs de la société et leurs amis se payent annuellement, mais toujours sur les octrois du gouvernement à la société! Voilà, personne ne l'ignore, comment soixante sociétés d'agriculture sur quatre-vingts font les choses dans cette province! Il est juste d'ajouter que depuis quelques années les sociétés d'agriculture, en général, entretiennent aux frais de la société quelques animaux reproducteurs, plus ou moins bien choisis, dont l'usage est donné aux membres presque gratuitement. Cet encouragement qui tend à l'amélio-

ration du bétail, ainsi que la distribution des graines
fourragères, là où cette distribution se fait honnêtement,
est de beaucoup la partie la plus utile des dépenses faites
par nos sociétés d'agriculture.

Afin de bien connaître toute l'action des sociétés
d'agriculture de comté, il faut dire qu'en 1869 elles ne
comptaient dans toute la province qu'environ 7,000
membres d'origine française. Depuis cette époque, les
efforts qui furent faits pour répandre gratuitement les
journaux agricoles parmi les membres ont eu pour effet
d'en doubler le nombre ou à peu près. Malgré tout, il
appert par le dernier rapport du comité d'agriculture de
l'assemblée législative, en date du 28 février 1878, (1)
qu'il y a environ un tiers des paroisses du pays qui ne
comptent pas un seul membre dans les sociétés d'agriculture, et qu'un grand nombre d'autres paroisses en
comptent moins de dix. Ce rapport ajoute : "La plupart
de ces paroisses ne bénéficient donc aucunement, ni des
argents votés pour les sociétés d'agriculture, ni du journal d'agriculture. Comme ces paroisses sont, pour la
plupart, parmi les moins avancées, elles auraient besoin,
plus que toutes autres, de l'aide accordé si généreuse-
ment, chaque année, par la législature, afin d'avancer le
développement de l'agriculture."

Je crois avoir démontré que la plupart de nos sociétés
n'ont guère progressé depuis 1850, bien que de fortes
sommes leur aient été octroyées chaque année. Cependant, il ne faudrait pas en conclure que les sociétés
d'agriculture sont inutiles et qu'elles doivent être sup-
primées. Il y a dans cette province un certain nombre
de sociétés qui, depuis quelques années surtout, font un
bien incalculable. Ainsi, dans plusieurs comtés, on offre
tous les deux ans, dans chaque paroisse du comté, des
prix pour les terres les mieux tenues dans la paroisse,
pour les meilleurs dix arpents de labours d'automne,
pour les meilleures prairies et pâturages, pour la conservation des engrais, pour la confection des fosses à
fumier, la plantation d'arbres fruitiers, etc. On y faci-
lite également l'achat de bonnes semences et l'usage de
bons reproducteurs dans chaque paroisse. Et quel est

(1) Voir "Journal d'Agriculture" 1878, page 146.

le résultat ? D'abord les membres de la société d'agriculture se comptent par 500, 600 et 700 dans chacun de ces comtés. Les souscriptions sont plus élevées. Celles-ci, jointes aux ressources que rapportent les reproducteurs appartenant à la société et à l'octroi du gouvernement, permettent de faire, tous les deux ans, des expositions de produits agricoles dont l'importance est suffisante pour attirer des acheteurs étrangers. De sorte que ces expositions, tout en excitant l'émulation parmi les cultivateurs, deviennent comme une foire pour la vente des produits agricoles. Voilà ce qu'ont fait plusieurs sociétés à la suite de quelques conseils qui leur ont été donnés, quand ces conseils ont été entendus par des hommes intelligents, patriotiques et désinteressés. Or, ne pourrait-on pas espérer des résultats analogues, dans presque tous les comtés de cette province, si toutes les sociétés d'agriculture étaient surveillées de près et dirigées par une organisation dans laquelle le public aurait confiance, dont le chef serait un homme entendu en agriculture, au fait de ses besoins et à la hauteur de sa mission. Et que ne pourrait pas accomplir un tel homme, ayant le pouvoir comme le désir de faire du développement, de l'agriculture dans cette province sa seule occupation, et dont le bien être de la classe agricole serait la plus grande ambition !

Il faut l'affirmer bien haut : ce qui manque à nos sociétés d'agriculture, comme à tout le reste de notre organisation agricole d'ailleurs, c'est une sage direction, donnée avec suite, et qui, tout en ayant à répondre directement de sa conduite à la législature, ne serait pas entravée par toute espèce d'obstacles, entre autres par ce qu'on est convenu d'appeler les nécessités de la politique.

*_**

Le commissaire d'agriculture et des travaux publics pourrait-il, dans les circonstances actuelles, diriger efficacement l'organisation agricole de cette province ? Il suffit de se rappeler les exigences de la politique pour reconnaître qu'on ne saurait attendre de la plupart des hommes d'État appelés à ce ministère, dans notre pays, les qualités spéciales qui sont indispensables à celui qui devra diriger avec succès cette organisation.

En y réfléchissant, il faut admettre que le commissaire d'agriculture et des travaux publics est tellement surchargé d'occupation qu'il lui est tout à fait impossible de bien remplir les devoirs trop multiples qui lui sont dévolus. Ainsi, voyons un peu : Ce ministre de la couronne est aujourd'hui le seul commissaire chargé de la construction du chemin de fer provincial de Québec, Montréal, Ottawa et Occidental. Il a la responsabilité, la direction et le contrôle absolu de toutes les affaires qui s'y rattachent. Cette entreprise, qui va coûter onze ou douze millions de piastres, demande, dans la position financière actuelle de notre pays, un travail extraordinaire de surveillance et de soin. Le commissaire d'agriculture et des travaux publics fait également construire, sous sa direction immédiate, les nouveaux édifices des départements publics,—construction monumentale qui sera sans doute honneur au pays, mais qui coûtera suffisamment pour qu'on y regarde de près. Le même commissaire doit de plus surveiller directement la construction, l'entretien et les réparations de toutes les prisons, des cours de justice, et généralement de tous les édifices publics qui sont disséminés sur tous les points de la province. Il a encore la direction générale et toute la responbilité de l'emploi des octrois en faveur de la colonisation, et la surveillance immédiate de la confection et de la réparation de tous les chemins de colonisation. Or, les travaux du département de la colonisation s'étendent depuis l'extrémité du comté de Pontiac à l'ouest jusqu'aux profondeurs du Saguenay au nord—depuis l'extrémité sud du comté de Compton, jusqu'aux confins de l'immense territoire de la Gaspésie, et ce dernier territoire est aussi étendu que la plupart des états d'Europe ! Il reste au même commissaire la direction et le contrôle de diverses agences d'immigration, en Europe et dans cette province, ainsi que la répartition des subventions accordées à sept ou huit compagnies de chemin de fer,—subventions qui se montent à plus de trois millions de piastres ! Et que sais-je encore ? Voilà pour ce qui a rapport plus particulièrement à l'administration des travaux publics, indépendamment de l'agriculture. N'est-ce pas déjà demander beaucoup trop à un seul homme, même en supposant qu'il n'aurait absolument rien à faire ni à l'agriculture, ni à la politique générale. Et cependant ce fonctionnaire, surchargé d'un fardeau qu'Hercule lui-même aurait peine à porter est en même temps ministre de la couronne. De fait, et depuis plusieurs années, c'est le premier ministre de la province qui a eu la direction de ce vaste département. Or, un ministre de la couronne et surtout un premier ministre doit donner, en définitive, la plus grande et la meilleure partie de son temps aux affaires générales de la province. De fait les occupations d'un ministre constitutionnel prennent trop souvent le pas sur les affaires de son département.

Est-il nécessaire d'en dire davantage pour démontrer que le commissaire des travaux publics ne peut pas et ne doit pas entreprendre la direction du mouvement agricole dans cette province ?

***

Mais on dira peut-être : Puisque le commissaire d'agriculture est dans l'impossibilité de bien diriger le mouvement agricole de cette province, pourquoi ne point donner cette direction au conseil d'agriculture ?

Nous avons vu qu'en réalité cette direction a été laissée au conseil d'agriculture, depuis 1869. Avant cette époque, c'est l'ancienne chambre du Bas-Canada qui avait dirigé, seule et sans conteste, pendant au-delà de trente ans, toute l'organisation officielle de l'agriculture. Lors de la confédération, la chambre d'agriculture ayant été jugée insuffisante, le conseil d'agriculture fut organisé pour la remplacer. Mais il n'apporta aucune amélioration à l'état de choses préexistant. Le système actuel est donc virtuellement en opération depuis quarante ans. Nous venons de voir quel a été le résultat. Nous avons cité plus haut le témoignage de M. l'assistant-commissaire lui-même. Nous avons vu ce qu'a dit M. Browning, un des présidents les plus actifs et les plus dévoués qu'ait eu le conseil d'agriculture, au sujet du peu d'influence que ce conseil exerce sur les sociétés d'agriculture. Nous avons constaté que le progrès agricole qui s'est opéré dans cette province depuis trente ans, n'est guère dû à l'ancienne chambre d'agriculture, ni aux sociétés, ni au conseil d'agriculture.

Voyons maintenant ce qu'est le conseil d'agriculture ; nous pourrons mieux juger s'il est en mesure de donner la direction efficace dont notre organisation agricole a besoin.

Les membres du conseil d'agriculture, par la loi, sont au nombre de vingt-trois ; ils sont nommés par le lieutenant-gouverneur en conseil, et ils sont censés représenter, ou à peu près, les diverses divisions territoriales de la province. En réalité ils ne représentent aucunement ces divisions ; sept membres sur les vingt-trois, résident dans les environs immédiats de Montréal ; six autres membres, dans les environs de Québec, un seul (1), M. Gauvreau, notaire et greffier de la cour de circuit à l'Ile-Verte, représente maintenant tout le bas du fleuve, au nord et au sud, à partir de Québec.

Les membres du conseil d'agriculture ne sont payés que pour leurs frais de voyages. Ils se réunissent trois ou quatre fois par année, pendant quelques heures chaque fois. Pour qui lit attentivement les rapports des délibérations du conseil d'agriculture, il me semble que c'est à peine si les membres de ce conseil se rappellent d'une réunion à l'autre des décisions qui ont été prises précédemment (2).

Je dois le dire : le conseil d'agriculture me fait l'effet

(1) Je compte l'hon. M. Price au nombre des résidants de Québec. D'ailleurs M. Price n'assiste presque jamais aux réunions du conseil. Feu l'hon. M. Beaubien et M. Landry, tous deux de Montmagny, représentaient la partie sud du fleuve, mais ils n'ont pas été remplacés dans le conseil.

(2) Il est facile d'établir qu'il règne chez plusieurs membres du conseil un découragement profond dont ils ne se cachent point. Quelques-uns d'entre eux, parmi les plus connus et les plus actifs, n'assistent plus que très-rarement aux réunions. Il faut reconnaître également que, dans le conseil d'agriculture, il y a des hommes dont les pratiques agricoles ne peuvent pas servir de modèle, même aux plus humbles cultivateurs de leurs paroisses. Il suffit de passer sur leurs propriétés pour y voir des chemins en mauvais état, même dans la belle saison, des pâturages qui sont nus, ou couverts de chiendent et d'autres plantes de ce genre. Leurs prairies et leurs champs de grain sont complètement envahis par les plantes nuisibles, dont les graines mûrissent librement et sont transportées par le vent dans toutes les directions, parfois au grand détriment des voisins.

Il y a sans doute, dans le conseil d'agriculture des agronomes distingués et des hommes tout à fait dévoués au progrès de l'agriculture, mais c'est précisément parmi ces hommes que l'on constate le plus grand découragement.

d'un corps composé de vingt-trois membres n'ayant
aucun rapport intime entre eux, d'un corps qui se meut,
mais auquel il manque et la tête et l'âme, d'un corps enfin, qui est tout-à-fait incapable de mener seul à bonne fin,
une organisation comme il la faudrait pour arriver à faire
sortir notre agriculture de l'ornière administrative dans
laquelle elle est restée depuis si longtemps.

*
**

Je le dis sans hésitation : si nous voulons faire progresser l'agriculture, ce qu'il nous faut, c'est un "surintendant," un homme qui soit à la hauteur de sa mission,
qui ait l'autorité et toutes les qualités nécessaires pour
mener à bonne fin les améliorations indispensables au
bon fonctionnement du département de l'agriculture et
qui ne soit pas exposé à laisser sa place, d'un moment à
l'autre, suivant les caprices de la politique.

Il faut de plus que le surintendant de l'agriculture
soit en mesure de donner une direction efficace aux
sociétés d'agriculture, aux expositions provinciales, aux
écoles spéciales d'agriculture, etc., afin que l'octroi considérable voté chaque année par la législature porte tous
les fruits qu'on a droit d'en attendre. Comme aviseur
du surintendant de l'agriculture, il faut un conseil d'a-
griculture choisi, autant que possible, parmi les résidants de chacune des divisions sénatoriales de cette
province ; un conseil composé d'hommes dévoués au progrès de l'agriculture, et capable d'aviser le surintendant
et de l'aider efficacement à faire progresser l'agriculture, d'abord dans leurs divisions respectives, puis dans
la province tout entière.

Il faut, enfin, pouvoir répandre, par toute la province,
un enseignement éminemment pratique, pour le bien de
tous, mais à la portée des plus humbles cultivateurs.

Voilà, en peu de mots, ce que doit être notre organisation officielle en faveur de l'agriculture.

*
**

En proposant de donner à un surintendant de l'agriculture la direction du mouvement agricole dans cette

province, je n'émets pas une idée nouvelle. Depuis trente ans cette proposition a été souvent répétée par les agronomes les plus distingués et par les hommes les mieux pensants. Un principe analogue a été admis par la législature du Canada-uni, et plus tard par celle de notre province, relativement au département de l'Instruction publique. A la suite de la Confédération, on a bien tenté de donner la direction de ce département à un ministre de la couronne, mais bientôt l'expérience est venue démontrer que cette branche importante du service public demandait, en permanence, un chef expérimenté, tout-à-fait détaché des considérations politiques, et chargé uniquement de la direction de son département; et la législature sut pourvoir au besoin qui se faisait sentir. Pourquoi n'en serait-il pas de même pour l'agriculture?

Certes, on ne saurait donner trop d'attention au développement de l'instruction publique dans notre province; mais l'amélioration de l'agriculture est-elle moins importante? L'instruction publique, quelque pratique qu'elle puisse être, ne saurait donner du pain à notre population. Elle n'a pas pu empêcher d'émigrer aux Etats-Unis un demi million de nos compatriotes. L'instruction publique seule ne pourra pas arrêter un nouveau courant d'émigration, peut-être plus accentué que jamais, vers le pays voisin, du moment où les industriels américains jugeront à propos d'allécher de nouveau notre population par l'attrait de salaires tant soit peu élevés.

Tout dernièrement encore, on le sait, nos campagnes se dépeuplaient à vue d'œil à l'appel des industriels américains. La seule digue qui puisse retenir la population au sein de nos campagnes est la colonisation des terres incultes et le relèvement de notre agriculture. Et les moyens de retirer l'agriculture de l'ornière profonde dans laquelle elle est restée si longtemps consistent d'abord : dans un enseignement pratique et *frappant*, si je puis parler ainsi, des éléments de l'agriculture. Cet enseignement, il faut chercher à le donner, non pas aux enfants seulement, mais surtout et avant tout, aux cultivateurs eux-mêmes, dans chacune de leurs paroisses respectives, si c'est possible. IL FAUT AUSSI QUE L'ÉTAT S'OCCUPE DAVANTAGE DES INTÉRÊTS AGRICOLES DE LA NATION.

Donc, il faut à l'agriculture une direction habile ; il faut répandre par toute la province l'enseignement d'une bonne agriculture, et pour arriver, avec le temps, à mener à bonne fin cette entreprise, il faut choisir un surintendant qui soit à la hauteur de sa mission, lui donner l'autorité nécessaire, et mettre à sa disposition les aviseurs et les aides qui conviennent.

Le choix des membres du conseil d'agriculture, dans chacune des divisions représentées au sénat, devrait être laissé aux présidents des diverses sociétés d'agriculture dans cette division plutôt qu'au gouvernement. On obtiendrait ainsi une meilleure représentation dans le conseil, chaque membre devant être dans les meilleurs rapports avec les sociétés d'agriculture de sa division. Les membres actuels du conseil d'agriculture qui se sont le plus distingués par leurs aptitudes et leur dévouement au progrès de l'agriculture, ne manqueraient pas d'être choisis pour leurs divisions respectives.

On lira sans doute avec intérèt ce que disait, dès 1850, au sujet de la nomination d'un surintendant de l'agriculture, le comité d'enquête déjà cité :

" Votre comité est d'opinion *que la nomination de deux surintendants d'agriculture,* un pour les districts de Montréal, St.-François et de l'Ottawa, et l'autre pour les districts de Québec, Gaspé et Kamouraska, *est indispensable.* Le surintendant formera l'administratif de tout le système, et joint aux professeurs dans les colléges, constituera le corps enseignant : ses devoirs tels que conçus par votre comité, seraient la visite annuelle des districts sous sa jurisdiction ; la publication d'un rapport annuel contenant autant que possible la description des différents sols, de leur exposition, des moyens d'amélioration, le signalement des succès de culture et l'indication des moyens d'y remédier ; en un mot, ce rapport serait le mode dont se servirait le surintendant pour faire connaître au public le résultat de ses recherches, et de ses études."

Voici maintenant ce que disait, à pareille époque et sur le même sujet, le regretté major Campbell, président de la chambre d'agriculture du Bas-Canada :

" Si l'on veut réaliser quelque grand plan pour le perfectionnement de l'agriculture, je suis d'avis qu'il faudra nommer spécialement pour cela quelqu'individu qui y consacrera tout son temps et son attention. On pourrait l'appeler le surintendant ou le commissaire d'agriculture ; cet officier, avec le maire du comté et les présidents des sociétés d'agriculture du comté, devraient être les syndics à qui seraient confiées les fermes-modèles dont j'ai parlé.

" Il aurait la direction de la ferme expérimentale du gouvernement, et serait tenu de veiller à ce que les fermes-modèles soient bien conduites et à ce que toutes expériences faites à la ferme du gouvernement soient régulièrement notées et publiées. Je n'ai pas besoin d'ajouter que le succès de ce projet dépendra entièrement du choix de la personne qui sera nommée à cette charge importante."

Il me semble qu'un seul surintendant pour la province suffirait ; mais il faudrait qu'il eût, en sus du conseil d'agriculture, des aides actifs et expérimentés, chargés, sous sa direction, de la surveillance et de la visite d'une partie de la province. Ces aides, du moment qu'ils pourraient le faire avec intelligence, inspecteraient et dirigeraient les sociétés d'agriculture ; ils visiteraient les diverses paroisses dans leurs districts respectifs, constateraient les besoins de l'agriculture, et donneraient sur les lieux aux cultivateurs eux-mêmes, dans des conférences familières, les conseils qui leur seraient utiles.

Je crois avoir démontré d'une manière convainquante que la bonne administration de notre organisation agricole demande impérieusement la nomination d'un surintendant d'agriculture. Voyons maintenant quelle direction le surintendant devrait donner aux sociétés d'agriculture pour que le public retire tous les avantages que ces sociétés sont susceptibles de donner.

Bien que les sociétés d'agriculture, du moins pour le grand nombre, aient circonscrit leur action dans un cadre très-restreint, il est admis de toute part que leurs avantages devraient s'étendre, le plus également possible, à toutes les paroisses du pays. Or, le moyen pour les sociétés de généraliser leur action et, en même temps, de faire le plus grand bien, c'est d'offrir des prix dans chaque paroisse pour les améliorations les plus utiles, puis d'offrir quelques prix de comté pour les mêmes objets, afin de stimuler les meilleurs cultivateurs de chaque paroisse et de les encourager à se montrer également les meilleurs cultivateurs de leur comté. Les prix de paroisse qui feront le plus de bien sont d'abord les prix pour les terres les mieux tenues dans leur ensemble. Les concours pour l'obtention des prix doivent se faire sur toutes les parties de la culture à la fois; ils feront voir quels sont vraiment les meilleurs cultivateurs; et, si la distribution des prix est raisonnée, si les juges, en rendant leur jugement, établissent, au moyen de points pour chaque partie de l'administration de la terre, l'état comparatif d'avancement auquel chaque cultivateur est arrivé, les juges donneront à toute la paroisse, la meilleure des leçons agricoles, puisque leur jugement établira ce qui est parfait et ce qu'il reste à perfectionner.

Partout où ce système a été pratiqué avec intelligence, il a produit des effets merveilleux. On a vu des paroisses et des comtes où les cultivateurs se sont préparés deux ans d'avance à ces concours, en améliorant tout, de leur mieux, sur leur terre, et en faisant disparaître les défauts qui leur étaient apparents. Il suffit d'avoir de bons juges pour que ces concours de paroisses deviennent très-populaires. Personne n'ignore que nos meilleurs cultivateurs ne manquent pas d'amour-propre. Il y en a quinze ou vingt au moins, parmi les plus marquants dans chaque paroisse, auxquels il répugnerait infiniment d'admettre leur infériorité en agriculture et de se laisser surpasser par des co-paroissiens. Du moment qu'un concours pour les terres les mieux tenues sera ouvert dans la paroisse, il y aura plusieurs cultivateurs qui ambitionneront l'obtention des prix offerts et qui feront des efforts sérieux pour les mériter. Et si les juges ont fait leur devoir, on peut dire que le cultivateur qui aura reçu le premier prix offrira à ses voisins un véritable modèle à suivre, modèle d'autant plus utile que le rapport des juges montrera ce qu'il reste à faire pour arriver à une plus grande perfection.

En suivant le même système de points, les juges arriveront facilement à établir quels sont les meilleurs cultivateurs du comté; on aura donc signalé la terre modèle dans chaque paroisse et celle qui est modèle pour tout le comté. Des *fermes modèles !* Donnez-nous des fermes modèles, dans chaque comté. Voilà ce que demandent, depuis cinquante ans, les hommes les mieux pensants du pays. Or quel moyen plus pratique avons-nous d'arriver à l'établissement de fermes vraiment modèles, sans faire des dépenses que l'état des finances de cette province nous interdit, et sans courir des risques sérieux d'insuccès, qu'en encourageant les meilleures cultures par les prix de paroisse et de comté dont je viens de parler ?

Mais pour arriver à quelques succès par ce système, il faut nécessairement s'assurer des juges honorables et assez éclairés pour faire ressortir les défauts même dans les cultures pour lesquelles on aura accordé des prix. Les juges devront indiquer quels sont les points qui rendent certaines cultures meilleures que d'autres moins bien notées. Ils devront également rédiger des rapports soignés, qui feront connaître à tous les cultivateurs les raisons qui les ont guidés dans le jugement prononcé. Si les juges pouvaient eux-mêmes commenter leur jugement en public, dans chaque paroisse du comté, ils donneraient ainsi une leçon pratique de la plus haute valeur et que les cultivateurs eux-mêmes ne manqueraient pas d'apprécier hautement.

Il est facile d'établir une échelle de points qui guiderait sûrement les juges. Le plus ou moins de points, dans chacune des améliorations agricoles, ferait voir aux cultivateurs en quoi ils excellent, ce que leurs compétiteurs font mieux qu'eux, et, partant, ce qui reste à faire pour arriver à la culture la plus parfaite.

Le surintendant devrait pouvoir accorder des diplômes et des médailles de différentes valeurs, selon le degré de mérite auquel les concurrents heureux seraient arrivés. Un pareil système ne pourrait pas manquer de créer, parmi notre population agricole, une émulation des plus utiles.

Je viens d'insister sur les primes pour les terres les mieux tenues, parce que ce sont les plus importantes ; mais on concevra qu'avec l'organisation et le développement d'un pareil système, il sera facile d'encourager, dans chaque paroisse, toutes les améliorations agricoles, et surtout celles qui seront jugées les plus opportunes et les plus pressantes.

Le système que je propose n'empêchera pas les expositions provinciales ni les expositions de comté d'avoir lieu comme par le passé. Mais il vaudrait mieux que ces expositions fussent moins fréquentes, tant qu'elles ne couvriront pas leurs propres frais, afin d'employer tous les ans une partie plus considérable des octrois aux concours pour les terres les mieux tenues, pour les labours, etc., dans chaque paroisse, chaque comté et même dans chaque district. Car, il faut bien l'admettre, ces concours feront faire à l'agriculture des progrès infiniment supérieurs à ceux que l'on peut attendre des meilleures expositions.

Quant aux concours des terres, une des plus grandes difficultés de leur organisation réside dans le choix des juges et dans les dépenses que ces concours occasionnent. En effet, il sera toujours difficile de trouver un juge, ayant parfaitement qualité pour cette charge, dans chacun des comtés de cette province, et qui se donnera la peine de visiter avec soin toutes les paroisses de son comté. Par le passé on a tenu à avoir trois juges : c'est multiplier les dépenses, et s'exposer à avoir deux juges peu éclairés sur trois. A mon avis un seul juge bien choisi suffirait, et donnerait beaucoup plus de satisfaction, surtout si l'on donne le droit d'appel au surintendant. Il est nécessaire que celui-ci surveille de bien près le travail des juges, puisque le succès du système de ces concours dépendra entièrement du plus ou moins d'intelligence et d'activité que les juges apporteront dans l'execution des devoirs de leur charge. En donnant le droit d'appel, on satisfera les cultivateurs et on engagera les juges à faire de leur mieux, afin d'être bien notés par le surintendant.

Mais quelque parfaite que soit la direction donnée à nos sociétés d'agriculture et aux expositions, tant provinciales que locales, il est incontestable que notre organisation agricole serait incomplète sans un bon système d'enseignement agricole.

A mon avis, ce système d'enseignement comporte : 1o La publication d'un petit traité élémentaire, mais essentiellement pratique ; 2o. La publication d'un bon journal d'agriculture, illustré ; 3o L'enseignement élémentaire de l'agriculture dans toutes les écoles et maisons d'éducation aidées par le gouvernement ; 4o Le développement de nos écoles spéciales d'agriculture, auxquelles devraient être annexées des fermes vraiment modèles, dont les rendements et les profits nets seraient publiés tous les ans, en détail ; 5o La visite annuelle, si c'est possible, par le surintendant lui-même, ou par un délégué ayant toutes les qualités requises, de chacune des paroisses du pays, aussi bien que des sociétés et des écoles spéciales d'agriculture, afin que la surveillance la plus complète soit donnée partout. C'est surtout par ces inspections que l'on arrivera à diriger, encourager, instruire, et aussi à reprendre là où la réprimande sera jugée indispensable.

La publication et la distribution à peu près gratuite de brochures claires et précises, donnant, dans un langage que chacun peut comprendre, des leçons positives sur la manière de cultiver une terre avec profit, est indispensable. Il faut que tout bon cultivateur puisse trouver sous sa main des données qui le guideront avec sûreté dans les améliorations qu'il désire faire. Un semblable traité élémentaire d'agriculture n'a pas besoin d'excéder cent pages. On devrait en encourager la distribution le plus possible, par tous les moyens.

Il doit en être de même du *Journal d'Agriculture*, qui mettrait le surintendant en rapport direct avec chacun des souscripteurs aux sociétés d'agriculture. Ceux-ci devraient tous recevoir le journal, qui leur serait distribué à titre de prime par le gouvernement. Avec les avantages qu'offrirait notre organisation agricole telle que proposée ci-haut, on aurait lieu d'espérer qu'avant longtemps, tous les cultivateurs tant soit peu intelligents du pays, trouveraient avantageux de souscrire à leur société d'agriculture de comté. Le journal arriverait donc partout. Il devrait s'appliquer à développer les divers sujets touchés dans le traité élémentaire d'agriculture, et à donner des réponses précises à toutes les questions d'intérêt général posées par les lecteurs du journal, tant sur l'agriculture, l'horticulture et l'arboriculture que sur les divers sujets qui se rattachent directement à l'agriculture, tels que l'entomologie, l'art vétérinaire, etc. Il va sans dire que le surintendant devrait avoir le contrôle absolu du *Journal d'Agriculture*.

La visite régulière, par le surintendant ou ses déléguées, de nos sociétés d'agriculture, l'examen minutieux de leurs livres et comptes, qui devront être comparés avec les rapports annuels, et des entretiens familiers avec les officiers et directeurs de chacune de ces sociétés, sont indispensables à leur bonne régie. C'est par ces visites et ces entretiens, et non pas uniquement par des correspondances officielles, nécessairement rares d'ailleurs, qu'on arrivera à faire dans chaque paroisse tout le bien désirable.

Lors de ces visites au chef-lieu d'un comté, qui devraient être annuelles, il serait facile au surintendant de l'agriculture ou à ses aides de visiter les différentes paroisses de ce même comté, afin de voir de leurs yeux et d'apprendre sur les lieux mêmes quelles sont les difficultés qui restent à surmonter, et les améliorations qui sont les plus pressantes. Ces visites donneraient l'occasion de rencontrer les meilleurs cultivateurs de chaque paroisse et de leur donner des conférences agricoles dont ils sauraient bien tirer parti si elles étaient aussi pratiques qu'elles devraient l'être. De plus, ces visites ne pourraient manquer de donner au journal d'agriculture beaucoup de matière éminemment instructive. A bien dire, ces conférences sur l'agriculture données aux cultivateurs eux-mêmes semblent être comme le complément de toute bonne organisation agricole.

Je ne m'étendrai pas sur l'avantage de l'enseignement élémentaire de l'agriculture dans toutes les écoles; cette question est jugée ! Déjà le public comprend la nécessité d'encourager les efforts persévérants que le surintendant du département de l'instruction publique, l'honorable M. Ouimet, ne cesse de faire en faveur de cet enseignement dans toutes les écoles de la province. Espérons que l'enseignement de l'agriculture deviendra bientôt général, dans nos écoles primaires, et qu'il s'étendra, mais d'une manière plus relevée, à nos colléges, tant commerciaux que classiques, et à tous les couvents de la campagne. Il est utile, il est même nécessaire que toute la jeunesse du pays qui s'instruit, connaisse au moins les éléments de cet art qui donne la vie à tous, qui promet aux familles l'avenir le plus tranquille et le plus certain, et qui est, pour toute nation, la seule base solide de prospérité générale. Quant à l'enseignement de l'agriculture dans nos couvents, il ne faut pas oublier que, dans notre province surtout, c'est par la femme que l'éducation se généralise le plus. C'est donc aussi aux futures mères de famille qu'il faut enseigner ce qu'est l'art agricole, ce qu'il doit être et ce que Dieu veut qu'il soit, c'est-à-dire la base de toute bonne organisation sociale. Ceci est d'autant plus nécessaire qu'on remarque généralement, chez nos filles et nos femmes instruites, les plus grands préjugés contre l'agriculture. C'est au point que bien des filles de cultivateurs qui sortent de nos couvents semblent préférer une alliance avec un artisan et même un journalier à l'alliance que peut lui offrir l'agriculteur. D'ailleurs, il suffit d'enseigner à la femme les principes de l'horticulture et les soins à donner à la laiterie, à la basse-cour, au verger, aux abeilles : cela est utile partout. L'horticulture étant l'application parfaite des principes de l'agriculture, on ne peut enseigner les matières que j'ai nommées sans connaître tout ce qu'une femme a besoin de savoir en agriculture. Cet enseignement devrait entrer dans le programme des études de tous les couvents de campagne. Partout où l'on a un jardin, on a, ou l'on peut avoir facilement une laiterie, une basse-cour, quelques arbres fruitiers, quelques ruches. Voilà tout ce qu'il faut, avec des connaissances pratiques, de l'intelligence et de la bonne volonté, pour donner un enseignement des plus précieux qui peut devenir d'un service incalculable dans l'état actuel de notre société.

En France, dans ces dernières années surtout, de bons curés ont senti l'importance de procurer aux femmes chrétiennes cette instruction pratique, plus particulièrement du département de la femme, en agriculture, et ils ont fondé des maisons spéciales où toute l'instruction a pour objet de former de bonnes femmes de cultivateur. Les frères de la doctrine chrétienne ont également établi plusieurs maisons où l'on enseigne aux jeunes garçons la pratique aussi bien que la théorie de l'agriculture. Leur maison de Beauvais, en France, qui se soutient par ses propres ressources, est, de l'aveu de tous, une des meilleures écoles d'agriculture de l'Europe. Voilà ce qui se fait ailleurs ; espérons que le dévouement si connu, au Canada, de notre clergé, de nos religieux et de nos religieuses, en faveur de toutes les bonnes œuvres, nous dotera bientôt de cet enseignement pratique de l'agriculture comme le dévouement seul peut le donner !

Après quinze ans de tâtonnements et de luttes pour leur existence, il est maintenant admis que nos écoles spéciales d'agriculture commencent à faire un bien réel. Cependant, malgré les avantages certains et considérables qui sont offerts, les rapports publics constatent que les élèves qui fréquentent ces écoles sont peu nombreux. Comme on tient à les avoir, ils sont exigeants, et l'on ne peut obtenir d'eux ce que l'on voudrait. De fait, si ces élèves ne recevaient pas la pension gratuite aussi bien que l'instruction, il est probable que nos écoles d'agriculture se videraient complètement. On admettra facilement que cet état de choses est fort regrettable. Mais il démontre à l'évidence la nécessité pour le gouvernement de travailler davantage à faire avancer l'agriculture dans notre province. Quand nous aurons réussi à faire aimer l'agriculture, que nous en aurons popularisé l'enseignement élémentaire, les élèves à la recherche du haut enseignement agricole deviendront nombreux, et nous pourrons nous flatter alors, mais alors seulement, d'avoir fait un grand pas dans la régénération de notre agriculture.

J'en suis convaincu, la généralisation de l'enseignement agricole est la condition nécessaire de l'amélioration de l'état actuel de notre agriculture. Tant que nous n'aurons pas fait aimer et rechercher cet enseignement, nous travaillerons en vain ; et tous les octrois imaginables seront donnés en pure perte ! C'est donc par l'enseignement pratique de l'agriculture qu'il faut commencer. Cet enseignement est l'objet principal du système que je viens d'exposer, de même que la nomination d'un surintendant en est la clef de voûte, si je puis ainsi parler.

En voilà assez pour montrer combien est importante la tâche que l'honorable M. Ouimet a été le premier à entreprendre, et combien il importe de l'aider à mener à bonne fin les réformes qu'il s'efforce d'introduire. Je dirai ici qu'un des moyens qui me semblent de nature à populariser l'enseignement agricole, serait la distribution, sous forme de prix, dans nos écoles, colléges et couvents, du plus grand nombre possible de livres bien faits, sur l'agriculture. Un autre moyen, plus utile encore, peut-être, serait d'offrir, dans chaque district scolaire, des primes en argent, et des distinctions aux instituteurs qui donneraient le meilleur enseignement agricole et dont les élèves passeraient les meilleurs examens sur cette matière. Des prix en argent devraient être offerts également ment aux instituteurs et institutrices qui cultiveraient, avec le plus de profit et au point de vue des besoins d'une famille rurale, les légumes, les fruits de tous genres, et même les abeilles, qui sont à leur place dans un jardin.

***

A tout ce qui précède on m'objectera peut-être que j'expose un système qui pèche par la base. De fait, en lisant avec attention les divers rapports publiés par le commissaire de l'agriculture, comme j'ai dû le faire pour ce travail, j'y ai vu avec étonnement l'affirmation d'un employé (1)—duquel a dépendu, plus que de tout autre, depuis une vingtaine d'années, le fonctionnement de toute notre organisation agricole,—laquelle tend à dire que le conseil d'agriculture, et la chambre d'agriculture, avant le conseil, n'ont pas pu trouver, dans vingt ans, et que nous n'avons pas même dans le pays un seul homme capable de faire un bon journal d'agriculture! Où trouverions-nous donc un surintendant de l'agriculture et des aides compétents? Je réponds que, pour qui veut être juste et ouvrir les yeux, les hommes ne manquent pas qui pourront contribuer à mettre à exécution le projet que j'ai soumis; et je pourrais en nommer un bon nombre en état de rendre les services les plus précieux. N'avons-nous pas, en effet, les LeSage, les Joly, les Tassé, les Casavant, les Browning, les Schmouth, les Marsan, les

(1) Voir : rapport de M. Georges Leclerc, secrétaire du conseil d'agriculture ; Rapport général du département de l'agriculture de 1871-72, pages 3 et 4.

Landry, les Benoît, les Blackwood, les Pilote, les Beaubien, les Ross, les Gaudet, les DeBlois? Et combien d'autres encore, moins en vue peut-être, mais d'un savoir incontestable, qui n'attendent qu'une bonne organisation et le mot d'ordre pour rendre d'éminents services!

****

La plupart des choses que je viens de suggérer n'ont pas même le mérite de la nouveauté. On les trouve, souvent en toutes lettres, dans un bon nombre de documents publics, et en particulier dans l'excellent rapport de M. J. C. Taché, le député-ministre de l'agriculture, à Ottawa, et sans contredit un des amis les plus sincères et les plus dévoués de l'agriculture et de son pays. Je me suis plu à citer d'autant plus souvent ce rapport que les bons avis qu'il renferme, donnés il y a près de trente ans, semblent avoir été plus ou moins oubliés.

Je puis donc soumettre mon travail en toute confiance aux hommes éclairés qui ont eu l'heureuse idée du concours ouvert, par l'Institut Canadien de Québec, dans le but d'étudier et de faire étudier une des questions d'intérêt public les plus pleines d'actualité.

En terminant, j'aimerais à rappeler à tous mes compatriotes les paroles si sages que Fénélon adressait aux hommes d'Etat de la France. Puissent-elles nous être aussi utiles qu'elles nous sont bien appropriées. L'illustre évêque de Cambrai disait: " La force et le bonheur d'un Etat consistent non à avoir beaucoup de provinces mal cultivées, mais à tirer de la terre qu'on possède tout ce qu'il faut pour nourrir un peuple nombreux." Or, dans un pays aussi vaste et aussi éminemment agricole que le Canada, nous ne nourrissons plus notre population, il s'en manque de beaucoup! Un autre évêque de France, Mgr Dupanloup, dont la mort soudaine et imprévue vient de jeter dans le deuil le monde catholique, s'exprimait ainsi: " Qu'on l'entende donc bien, il n'y a personne, ni homme, ni femme, si grand seigneur, si grande dame qu'ils soient, qui doive craindre de se rabaisser en s'occupant d'un labeur aussi noble, aussi utile que celui de l'agriculture, et je l'ajoute, d'une importance sociale si grande, au point de vue des mœurs comme au point de vue de la richesse nationale."

Le remède à l'état de choses qui ruine surtout notre province est dans l'étude et la pratique intelligente de l'agriculture par les classes instruites, afin que le bon exemple, le meilleur de tous les encouragements, parte d'en haut. Mais pouvons-nous l'espérer encore cet exemple, sans un changement complet dans les habitudes actuelles de notre société ? Je le dis avec amertume et non sans un profond découragement: je ne verrai pas ce changement. Je me demande souvent si l'on reverra jamais au Canada, ces temps si heureux pour notre pays, où nos ancêtres, riches ou pauvres, les habitants de nos riantes et autrefois si fertiles campagnes, formaient tous, au dire de nos ennemis même, " un peuple de gentilshommes " ; ces temps où l'aristocratie canadienne toute entière se faisait un bonheur d'habiter la campagne et de cultiver la terre ; où notre population agricole savait se suffire à elle-même ; quand mères et filles cardaient, filaient, tissaient, avec joie et bonheur, habits, linge et tapis, se faisaient un devoir et une gloire de fabriquer de leurs mains tout ce dont la famille entière pouvait avoir besoin durant l'année, et en telle quantité que les pauvres avaient, eux aussi, une part généreuse et abondante. Je le crains, ces temps heureux ne reviendront plus.

Quant à moi, courbé tout le jour sous le rude travail des champs, j'ai blanchi, mais avec bonheur, au service de l'agriculture. Il y a bientôt trente ans,—plus ardent et plus optimiste qu'aujourd'hui, j'ai applaudi des deux mains lorsque je lus, pour la première fois, le rapport de l'enquête agricole que j'ai cité souvent dans ce travail. Je me flattais alors que les sages avis qui y sont donnés allaient porter leurs fruits sans retard. J'ai vu disparaître, depuis, un grand nombre des bons patriotes qui ont pris part à cette enquête, en 1850, et qui comptaient comme moi, sans doute, sur une direction plus sage et, en conséquence, sur un avenir plus prospère et plus brillant pour notre agriculture. Plusieurs de ceux qui restent ont probablement perdu, depuis longtemps, tout espoir de voir de leurs yeux les améliorations qu'ils ont été les premiers à indiquer.

Je suis maintenant trop vieux pour qu'il me soit donné de voir une organisation dégagée de favoritisme et faite uniquement en faveur de l'avancement de l'agriculture dans cette province. Trop peu d'hommes, dans notre pays, et surtout d'hommes politiques, s'occupent aujourd'hui de cette question.

Mais je crois fermement à la vérité des paroles que j'ai écrites en épigraphe, au commencement de ce travail, et qui m'ont servi de devise toute ma vie : "Celui qui fait croître deux brins d'herbe où il n'en poussait qu'un seul auparavant, est, sans aucun doute, un bienfaiteur public." Ces paroles ont frappé mon esprit quand j'étais encore bien jeune. Je me flatte maintenant d'avoir fait produire, autrefois, *trois* brins d'herbe partout sur ma terre où il n'en poussait qu'un seul. Je puis affirmer, avec assurance, que, s'ils en avaient la volonté, presque tous mes compatriotes pourraient en faire autant.

Et si ce travail, que je voudrais pouvoir adresser à tous les cultivateurs de notre province, avait pour effet d'ouvrir les yeux à quelques jeunes gens d'éducation, de talent et d'avenir ; si je réussissais à les convaincre du bonheur terrestre qui s'attache, d'ordinaire, au cultivateur aimant et servant Dieu ; si je pouvais contribuer à faire adopter cette noble et utile carrière de l'agriculture à quelques bons patriotes, et surtout à quelque futur homme d'état, je mourrais convaincu de n'avoir pas été tout-à-fait inutile à mon pays.

APPENDICE.

—

*Extraits du rapport du comité spécial sur l'état de
l'agriculture du Bas-Canada* (1850).

Votre comité...... pose à l'abord la proposition incontestable
que peu de pays ont été plus favorisés que le Bas-Canada, sous le
rapport de la qualité du sol, et que la position qu'il occupe, relativement au climat, n'est nullement désavantageuse. Plus on exa-
mine avec les yeux de l'observateur pratique le climat du Bas-
Canada, plus on se convainc du fait qu'il n'est rien moins que
défavorable. Il résulte, d'une enquête faite dans le Nouveau-
Brunswick (dont le climat est le même que le nôtre), que c'est un
fait admis que le froid et la neige de nos hivers ont une action
fertilisante sur le sol et produisent naturellement un état d'ameublissement qui ailleurs ne peut être obtenu qu'à force de travail.
La durabilité de la faculté productive de nos terres est telle qu'aujourd'hui même nos prairies donnent sans soins le double de ce
qu'elles donnent en Angleterre et sur le continent. A ceux qui se
plaignent de la brièveté de nos saisons des champs, on peut répondre que la rapidité de croissance de la végétation qui ne laisse
pas de transition entre la blanche couverture de nos joyeux hivers
et la riche verdure de nos prairies. A ceux qui prétendent que
l'hivernement de nos bestiaux entraine le cultivateur dans d'é-
normes dépenses, on peut répondre que c'est encore un problème,
même pour des pays plus méridionaux, de savoir si ce n'est pas un
immense avantage de tenir le bétail enfermé la plus grande partie
de l'année. Cette objection futile et sans fondement soulevée contre
le climat du Bas-Canada est un de ces préjugés qui disparaîtra
comme bien d'autres préjugés qui, créant des maux imaginaires,
empêchent les peuples de jouir avec tranquillité des biens que la
providence leur a dispensée, et mettent sur le compte de la nature
tous les malheurs que le découragement a produits. Si le Bas-
Canada ne prospère pas, ce ne sera ni le fait de sa position géogra-
phique, ni le résultat de l'infériorité de son sol et des désavantages
de son climat. Pour démontrer une proposition semblable, et en
parlant de l'état présent de l'Ecosse comme pays agricole comparé
à sa position passée, le savant Ecossais déjà cité (M. Johnson),
dit : " Son climat a été dompté et dépouillé de toutes ses horreurs.
" Les portions les plus stériles du territoire dans Caithness, et
" même dans les îles Orcades, ont été amenées à produire le blé.
" Ses laboureurs sont comptés parmi les meilleurs du monde, et

" sa manière de cultiver les légumes a obtenu une réputation uni-
" verselle."

A cent vingt milles en bas de Québec, on produit des pommes
fameuses, inférieures à celles de Montréal, mais égales en saveur
à celles du Haut-Canada, et on en produira de semblables partout
où on saura choisir le terrein et donner de l'abri aux arbres fruitiers au moyen de hautes futaies.

Le peuple du Bas-Canada, pris comme un tout et sans distinction
d'origine, ne le cède à aucun autre sous le rapport de l'intelligence, de la santé, de l'adresse et de la force ; plus qu'aucun autre,
peut-être, il possède cette amabilité et cette gaieté qui contribuent
plus qu'on ne pense à la santé et au bonheur, mais il le cède à
plusieurs sous le rapport de l'éducation politique et agricole surtout. Votre comité insiste sur ces faits pour démontrer que le pays
a tous les avantages propres à faire du Bas-Canada ce que sa
population voudra qu'il soit. Rien de plus faible que l'homme qui
dit : " c'est impossible " ; rien de plus fort que celui qui dit : " je
veux ".

Si l'on voulait juger de l'état présent de l'agriculture dans le
Bas Canada d'après l'aisance avec laquelle vivent la majorité de
nos agriculteurs, et surtout par la comparaison des produits avec
le produit des autres pays, particulièrement des pays européens,
eu égard à la population, on serait tenté de prendre l'agriculture
pour beaucoup plus avancée qu'elle n'est effectivement.

Votre comité, en l'absence de statistiques propres à déterminer
la capacité productive du sol, admet ce qui est l'opinion générale,
que le sol ne produit certes pas ce que l'on a droit d'en attendre,
vu sa qualité.

Votre comité réfère en cela aux lettres attachées à ce rapport, et
surtout à la lettre de M. William Patton, de Saint-Thomas, qui
détaille le produit de 50 arpents de terre cultivés sous ses soins, et
ajoute : " Je ne fais mention de ce résultat que dans le but de
" prouver que notre sol peut produire autant qu'aucun autre sur
" le continent, pourvu qu'il soit bien cultivé. "

Voici ce que dit M Patton :

(Le domaine que je possède maintenant était dans un tel état
quand je l'ai acheté, quoique vanté par tous les cultivateurs
comme étant le plus productif du district, qu'il ne produisait pas
assez pour payer la culture. Je l'ai depuis dix ans pendant lesquels
je l'ai cultivé d'après le système de rotation des récoltes ; et ma
récolte de l'année dernière a été comme suit :

Il y avait cinquante arpents en culture, et j'en ai retiré 390
minots de blé, 400 minots d'avoine, 300 minots de navets, 100
minots de navets de Suède, 360 minots de patates, 10 minots d'orge
et 2000 bottes de foin de prairie sèche.

Le blé a rapporté en moyenne 17½ minots par minot de semence,
35 minots par l'arpent, pesant 62 lbs. ; l'avoine a rapporté 13 pour
1, ou 45 minots par arpent, et a pesé 43 lbs. au minot. Je men-

tionne ceci pour faire voir que nos terres peuvent produire autant que les meilleures terres de ce continent, si elles sont bien cultivées.)

Puis le rapport continue :

" Généralement," dit le major Campbell, dans sa réponse au comité, "la terre ne produit guère plus que le quart de ce qu'elle " produirait si on introduisait un meilleur système de culture. "
" L'état présent de l'agriculture dans les townships, " dit M. Gustin, " est généralement déplorable, surtout parmi la classe des " agriculteurs dont l'existence dépend immédiatement et unique-" ment du travail des champs. "

Indépendamment de tous autres défauts, trois vices capitaux existent dans le système généralement suivi dans le Bas-Canada, l'un relatif aux engrais, l'autre à la rotation des semences, et le t oisième à l'élève des bestiaux Ces trois maux viennent de la même cause énoncée plus haut. Le sol primitif possédant par lui-même une richesse extraordinaire, produisant sans engrais, ou plutôt produisant par les engrais que des siècles y avaient déposés, des récoltes abondantes, rendait en ce sens le travail de l'homme inutile ou de moindre utilité ; la virginité du sol et sa durabilité permettaient que pendant des années on put retirer de la terre la même récolte. Le blé étant le plus profitable des grains, on ne semait que du blé et on semait toute la terre, ne gardant de bétail que juste pour la nécessité, et ne calculant pas dans ce que produisent les animaux, l'engrais qu'ils fournissent. C'est ainsi que notre sol s'en est allé s'appauvrissant jusqu'à ce qu'épuisé il a cessé de produire le blé, ou n'a plus produit qu'un grain maladif et sans la force de résister aux accidents Le mal a surgi si à coup, il était si peu attendu de la classe agricole qui jouissait sans souci des biens du présent, que le découragement a saisi bien des cœurs qui se sont résignés avec l'apathie du désespoir à un mal qu'ils ont cru au-dessus de leur pouvoir de faire cesser. Il n'est pas inutile de signaler en passant que l'abondance des récoltes a produit chez un grand nombre le goût du luxe, qui a fait que grande partie de notre population se trouve aujourd'hui endettée à un fort montant.

Les autres défauts de notre système actuel signalés dans la plupart des communications reçues, tiennent au manque d'instruments perfectionnés, à l'insuffisance des asséchements dans certains districts, à la destruction complète de nos forêts, dont partie devrait être conservée comme abri, et partie comme sucreries. *On signale encore le peu d'attention portée par la législature sur le sujet, le* manque d'éducation agricole et le manque de marché.

MOYENS SUGGÉRÉS POUR L'AVANCEMENT DE L'AGRICULTURE

Votre comité, dans la recommandation de moyens à employer pour l'avancement de l'agriculture dans le Bas-Canada, n'a pris, de tous ceux qui se sont présentés ou qui ont été suggérés, que ceux d'une praticabilité incontestable et déjà mis en opération avec succès dans d'autres pays. L'ensemble des moyens recommandés n'entrainera pas la province dans la dépense d'une somme plus grande que celle pour laquelle le crédit public est engagé aujourd'hui en vertu de la loi existante, en y joignant le don voté chaque année à la société d'agriculture dans le Bas-Canada par la législature.

Les moyens recommandés, et dont votre comité a cru devoir s'occuper, sont des sociétés d'agriculture dans le genre de celles qui existent déjà ; des fermes-modèles avec écoles d'agriculture, la publication de traités élémentaires à être répandus gratuitement au sein de la population des campagnes et dans les écoles; la publication d'un journal et la création de deux surintendants. Quant à la formation d'un système de créd t agricole recommandé par le révérend M. Pilote, du collége de Sainte-Anne; à la conservation et aux plantations d'arbres comme abri, recommandés par M. Langevin, et à beaucoup d'autres suggestions importantes et dignes d'attirer l'attention des amis de l'agriculture, elles ne sont pas du ressort de la législature. D'ailleurs, toutes ces choses entreront dans les attributions des surintendants, dont partie des devoirs sera d'enseigner.

Votre comité va entrer dans l'examen de ces divers modes d'avancements et des résultats qu'il croit avoir droit d'en attendre; viendra ensuite l'exposé de la partie financière du système pris comme un tout.

En adoptant la détermination de recommander l'emploi simultané des divers moyens ci-dessus énoncés, votre comité a eu en vue de se conformer aux différentes suggestions qui lui ont été faites, et est confirmé dans la propriété de la mise en pratique de ces différents modes, par l'expérience fournie par des pays étrangers où un pareil système a opéré merveilleusement. Votre comité n'a pas perdu de vue la remarque si juste de M. Watts, M. P. P., qui dit : " La population du Bas-Canada n'est pas une population " voyageuse, en conséquence les moyens d'instruction doivent être " placés à la porte de l'agriculteur. " Par la combinaison de plusieurs moyens, l'attention de la classe agricole sera attirée de quelque côté qu'elle tourne ses regards: et une fois convaincu, une fois entrainé, nul n'ira plus loin dans la voie des améliorations que l'agriculteur du Bas-Canada, car nul plus que lui ne possède d'intelligence, de courage, de force et d'adresse.

Les sociétés d'agriculture, telles qu'elles existent et qu'elles sont conduites aujourd'hui, ont fait du bien, il n'y a pas à en douter, et le fait est constaté dans la plupart des lettres annexées à ce rapport ; mais en même temps, il est certain qu'elles n'ont pas produit tous les résultats qu'on en attendait. Dans bien des cas, les dépenses contingentes et les frais de gestion se sont montés à des sommes exorbitantes, eu égard aux moyens pécuniaires de ces sociétés ; par exemple, dans les rapports mis devant votre honorable chambre cette année, il appert qu'une de ces sociétés a dépensé £32 pour gérer un budget de £209 ; une autre a dépensé £24 pour les contingents, quand le revenu de la société ne se montait qu'à £153. C'est ce qui, dans bien des localités, a créé parmi la population agricole un sentiment de malveillance et de soupçon. Il devrait se trouver dans chaque comté (et il y en a dans chaque comté) un nombre suffisant d'hommes capables et assez amis de leur pays pour conduire ces associations sans recevoir d'émoluments. Un appel de ce genre à la classe instruite ne restera sans écho dans aucun comté du Bas-Canada. Un autre défaut de ces sociétés est signalé par MM. Pinsonnault et Evans, dans leur rapport de la société d'agriculture du Bas-Canada pour cette année. " Les bienfaits des expositions, " dit le rapport, " sont générale-" ment retirés par nos meilleurs cultivateurs, capitalistes et autres " personnes possédant des terres en bon ordre, tandis que ceux " qui ont réellement besoin d'instruction et d'encouragement sont " virtuellement exclus. "

Par la loi actuelle, chaque comté a droit de recevoir des fonds consolidés de la province une somme triple d'aucune somme souscrite dans le comté, pourvu que la somme octroyée n'excède pas £150. Les seuls comtés ainsi bénéficiés sont ceux où une souscription se fait, et en cela il arrive d'ordinaire, ou du moins il est raisonnable de le supposer, il arrive que ceux qui profitent de ces dispositions sont justement ceux qui en ont le moins besoin ; tel n'était pas le but de la législature qui avait moins en vue de récompenser les agriculteurs avancés que d'éclairer ceux qui sont en arrière, et forcer, pour ainsi dire, ceux-ci à améliorer leur système par l'appât de récompenses honorables en même temps qu'elles sont profitables. Sous ce rapport donc l'octroi pour de telles sociétés d'expositions doit être général et s'appliquer à chaque comté ou division de comté indépendamment d'aucune considération.

Une des causes qui ont fait que les sociétés actuelles n'ont pas produit les résultats attendus, c'est que généralement on a perdu de vue les défauts de notre système qu'il faut faire disparaître, et qu'on s'est généralement borné à accorder des récompenses pour les plus beaux animaux et les plus beaux échantillons des produits en légumes et céréales. *L'objet de ces espèces de comices agricoles est de guérir les maux du système prévalent, et d'engager, par l'espoir de distinctions honorables et d'un gain rationnel, le cultivateur à entreprendre des améliorations qui, surpassées une autre année par un nouveau compétiteur, crée une noble émulation et répand de proche en proche les bons effets des progrès pratiques. Il importe donc, dans l'obtention de ce but, que la plupart des récompenses accordées le soient en faveur d'améliorations tendant à attaquer au cœur les vices principaux de notre mode actuel ; votre comité a déjà signalé ces défauts.*

Votre comité recommande donc l'emploi d'une partie de l'octroi en faveur des sociétés d'exposition, le montant à être distribué, eu égard à la population d'abord, puis à la superficie occupée, deux considérations qu'il est désirable d'avoir en vue dans la distribution de sommes destinées à l'agriculture, le sol et le travail ayant une égale part dans cette industrie. Dans la distribution des prix, on devrait prévoir à ce que parmi les prix accordés il en soit donné pour les objets suivants, et autres analogues, savoir : pour la meilleure récolte de légumes pour bétail ; pour la plus grande quantité d'engrais, naturel ou artificiel, employé sur la terre relativement à son étendue, pour la plus grande quantité de compost ou d'engrais créé par le travail ; pour la prairie la plus productive, par arpent ; pour le plus nombreux troupeau nourri de produits récoltés sur la terre, eu égard à son étendue. Le but de ces différents prix est évident. L'engrais manque à la terre, mais il se trouve sous la main dans le poisson et les varechs du bas du fleuve, dans les tourbes de nos savanes, dans l'application des différents amendements naturels ; ces prix ont pour but d'engager le cultivateur à donner à la terre ces engrais qui le mettront à même de pouvoir nourrir un bétail plus nombreux qui, à son tour, fournira à la terre tous les sucs dont elle a besoin.

Votre comité doit se borner à un exposé général et succinct des différents moyens qu'il prend la liberté de recommander à votre honorable chambre ; mais ne peut laisser le sujet de ces sociétés sans exprimer l'opinion que, dans tous les cas, les récompenses ne devraient être adjugées qu'à des agriculteurs vivant exclusivement de l'industrie agricole, tous autres compétiteurs n'ayant droit qu'à une mention honorable.

Votre comité en vient maintenant aux écoles d'agriculture et aux fermes-modèles. Il est impossible, à moins de dépenses énormes, d'établir des écoles spéciales d'agriculture accompagnées de fermes-modèles sur un grand pied. Par des calculs dont l'exactitude n'est pas le moins du monde révoquée en doute par votre comité, il appert que chacune de ces fermes-écoles ne coûtetaient pas moins de £3,000, et peut-être ne seraient-elles fréquentées que par quelques élèves appartenant à la classe qui, par sa position, en a le moins besoin ; c'est donc dans les institutions maintenant fréquentées par la jeunesse qu'il faut aller chercher les moyens d'établir de pareilles écoles. Votre comité a le plaisir de citer, entr'autre autorité à l'appui de son opinion, celle si puissante de M. Johnston, exprimée par lui dans le rapport qu'il a fait de son exploration dans le Nouveau-Brunswick.

Heureusement que de telles institutions existent dans le Bas-Canada, comparables à celles des pays les mieux favorisés ; heureusement que nous avons une classe d'hommes dans ces institutions à qui de petis moyens suffisent pour opérer de grandes choses, qui, ayant dit un éternel adieu à toutes les jouissances de la terre, excepté celle de faire du bien, ne se trouvent ni dans la nécessité ni dans la position d'exiger de salaires ; mais consument toute leur vie à l'éducation de la jeunesse, avec la seule condition de la nourriture et du vêtement.

Votre comité suggère donc un octroi spécial et annuel à chacun des collèges de Saint-Hyacinthe, L'Assomption, Nicolet et Sainte-Anne, à la condition d'ouvrir à leurs élèves une chaire agronomique, et de cultiver comme fermes-modèles une terre dans le voisinage immédiat de l'institution. Votre comité n'a pas consulté les directeurs de ces différentes institutions, mais ne nourrit aucun doute sur leurs dispositions, et ne craint pas de se porter garant de leur bon vouloir ; un octroi semblable pourrait être fait dans les townships pour le même objet, à l'une des académies où une partie de la jeunesse de langue anglaise reçoit son éducation ; par ce moyen et avec une dépense moindre que celle nécessaire à l'établissement d'une seule institution séparée, avec des garanties centuples de succès, on offrirait au pays cinq institutions où toute la jeunesse du pays irait prendre des connaissances sur le noble art de l'agriculture, connaissances que tous les ans des centaines de jeunes gens iraient mettre en pratique pour leur compte, ou enseigner à leurs compatriotes sur tous les points du pays. Votre comité est tellement convaincu de l'importance d'une telle disposition, qu'il exprime sans crainte la conviction que cela seul est destiné à faire faire à l'agriculture du Bas-Canada plus de progrès qu'il n'est physiquement possible de toute autre manière. Votre comité en ne recommandant qu'un certain nombre de collèges et une académie, n'a pas eu l'intention de déprécier les autres, mais n'a été mu en cela que par la petitesse des moyens sur lesquels il avait à compter.

Le moyen suivant de répandre l'éducation, moyen que votre comité ne saurait trop recommander, est la publication d'un traité élémentaire d'agriculture pratique, à être imprimé sous forme de pamphlet, et répandu gratis dans toutes les écoles et au sein de chaque famille d'agriculteur.

Un pareil traité, pour être utile et obtenir tout le but désiré comme le font remarquer le Dr. Dubé et le révérend M. Farland, devra être court, précis et clair, débarrassé de tous termes scientifiques et de toutes idées spéculatives ; se réduire en un mot à enseigner au cultivateur les moyens d'amender son système par une rotation appropriée de semences, par la production et l'application des engrais, et par l'augmentation et l'amélioration du bétail, et cela avec le seul capital que représente son travail et celui de sa famille. Votre comité recommande donc *un concours à être ouvert et un prix à être accordé au meilleur traité élémentaire d'agriculture pratique*, réunissant les différentes qualités qui viennent d'être signalées. Un tel livre, de quelques pages seulement, répandu avec profusion dans les campagnes, sera le sujet de discussions et d'études pratiques qui ne peuvent manquer d'attirer l'attention du cultivateur, et produire de suite un très-grand bien. On sait l'influence immense que des pamphlets ainsi distribués ont eu sur les mœurs et sur la politique des peuples. On devrait dans les écoles faire de cet opuscule un livre de lecture ; l'enfant sans travail se remplira l'idée des améliorations qui y sont indiquées, et les mettra plus tard en pratique, il n'y a pas à en douter.

Votre comité suggère encore de continuer, avec une augmentation, l'octroi annuel accordé à la société d'agriculture du Bas-Canada, à la condition de continuer la publication du Journal d'Agriculture en français et en anglais, et de travailler à augmenter sa bibliothèque, et de tenir, comme elle fait aujourd'hui, un grenier pour semences.

Votre comité est d'opinion que la nomination de deux surintendants d'agriculture, un pour les districts de Montréal, Saint-François et de l'Ottawa, et l'autre pour les districts de Québec, Gaspe et Kamouraska, est indispensable. Le surintendant formera l'administratif de tout le système, et, joint aux professeurs d'agriculture dans les colléges, constituera le corps enseignant ; ses devoirs, tels que conçus par votre comité, seraient la visite annuelle des districts sous sa jurisdiction ; la publication d'un rapport annuel contenant autant que possible la description des différents sols, de leur exposition, des moyens d'améliorations, le signalement des vices de culture et l'indication des moyens d'y remédier ; en un mot, ce rapport serait le mode dont se servirait le surintendant pour faire connaître au public le résultat de ses recherches et de ses études.

Le surintendant devrait se mettre en rapport avec le géologue provincial et le chimiste sous ses ordres, afin de pouvoir tirer partie des lumières que la géologie et la chimie jettent sur l'industrie agricole. Il serait en outre d'office un des directeurs de toutes les sociétés d'expositions et de la société d'agriculture du Bas-Canada, et visiteur des écoles agricoles dans les séminaires et académies.

Voilà l'ensemble des moyens que votre comité croit devoir recommander à votre honorable chambre, et dont la dépense collective ne dépasse pas le montant aujourd'hui approprié, comme le comité va le démontrer plus loin. Si votre honorable chambre croyait devoir augmenter la somme aujourd'hui appliquée à l'encouragement de l'agriculture, somme bien minime, si l'on tient compte de l'immense importance de cette branche de l'économie publique, et si on la compare aux sommes dépensées et promises à d'autres genres d'industries bien dignes d'occuper l'attention, sans doute, mais dont l'importance est loin de celle de l'agriculture. Si donc votre honorable chambre était disposée à augmenter de quelques centaines de louis le montant de l'octroi, alors votre comité recommanderait ce qui suit. Augmenter le nombre des écoles d'agriculture attachées aux colléges et académies, et accorder, dans différentes parties du Bas-Canada, une somme annuelle de £200, à quelque bon cultivateur possédant une bonne terre et un nombre suffisant d'animaux, joints à l'avantage d'une éducation élémentaire, à la condition de cultiver, sous la direction immédiate du surintendant de son district, sa propre terre sur un pied modèle, avec l'obligation de montrer et d'expliquer à tout visiteur les détails de sa culture. Cette somme de £200, jointe aux moyens déjà possédés par tel cultivateur, le mettrait à même d'améliorer sa culture, la race de ces animaux, et de se procurer des instruments supérieurs, en même temps qu'elle lui permettrait de disposer d'une partie de son temps à expliquer les détails de son art à ses visiteurs. C'est le seul moyen que votre comité voit d'établir, de distance en distance, des fermes-modèles de nature à rencontrer les besoins et à être à la portée du commun des cultivateurs, que

6

les fermes tenues sur un grand pied et à gros frais tendraient plutôt à décourager qu'à instruire.

Votre comité se résume ainsi : le sol et le climat du Bas-Canada sont favorables à l'exploitation agricole,—le peuple est laborieux, intelligent, et cependant ce peuple ne retire pas de la terre plus du quart de ce qu'elle peut produire. La cause, c'est que le sytème de cultiver est mauvais. Les défauts principaux de ce système, sont: 1o. le manque de rotation appropriée dans les semences ; 2o. le manque ou la mauvaise application des engrais ; 3o. le peu de soin donné à l'élève et à la tenue du bétail ; 4o. le défaut d'assèchement dans certains endroits ; 5o. le peu d'attention donnée aux prairies et à la production des légumes pour la nourriture des troupeaux ; 6o. la rareté des instruments perfectionnés d'agriculture.

Les moyens recommandés sont : 1o. des sociétés de comté ; 2o. le choix des prix à accorder dans les différentes expositions ; 3o. l'établissement d'écoles d'agriculture et de fermes-modèles dans nos colléges et académies ; 4o. la publication de traités élémentaires d'agriculture ; 5o. la publication d'un journal, avec et ensemble l'établissement d'une bibliothèque et d'un grenier public ; 6o. la nomination de surintendants de l'agriculture.

Votre comité croit avoir recommandé à votre honorable chambre un système complet et praticable, et est appuyé en cela sur l'opinion de savants étrangers, sur les recommandations à lui faites par les personnes consultées sur le sujet et sur l'expérience de pareils moyens employés en Europe et dans plusieurs états de l'union américaine.

Votre comité, en conformité à l'ordre de votre honorable chambre, s'est encore occupé des moyens à prendre pour faciliter l'établissement des terres incultes, seul espoir d'arrêter cette fièvre de l'émigration qui, depuis quelques années, a fait des ravages parmi la jeunesse du Bas-Canada.

Votre comité ne fera que quelques remarques sur ce sujet qui, l'an dernier, a occupé l'attention d'un comité nommé par votre honorable chambre, pour s'enquérir des causes de l'émigration qui, du Bas-Canada, se dirige vers les Etats-Unis, sur le rapport duquel votre comité prend la liberté d'attirer l'attention de votre honorable chambre.

Les moyens principaux d'engager la jeunesse du pays à s'établir sur les terres de la couronne sont: d'abord, l'arpentage de ces terres et l'ouverture de chemins qui puissent permettre au pauvre défricheur de se rendre avec facilité sur le lieu où il doit commencer, seul et sans secours, une des conquêtes les plus difficiles, mais la plus noble de toutes.

Qu'il soit permis à votre comité de faire remarquer à votre honorable chambre que chaque somme dépensée pour l'objet dont il est question, est un prêt avantageux pour l'état par la vente des terres de la couronne et l'augmentation de la population, dont chaque individu, même le plus pauvre, est une source de revenu qui, par plusieurs canaux, vient fournir au trésor public. Indépendamment de cette considération qui ne peut qu'être une réponse à certaines objections que l'on élève contre ces améliorations qui, par elles-même ne donnent point de revenus, il est du devoir d'un bon gouvernement de pourvoir aux premiers besoins de son peuple : or l'ouverture de chemins et l'arpentage des terres de la couronne sont les deux premiers besoins d'un nouveau pays, et c'est le besoin urgent du moment pour le Bas-Canada.

Votre comité recommande donc à votre honoreble chambre d'obtempérer aux nombreuses demandes que le peuple du Bas-Canada lui fait depuis plusieurs années. Si l'état financier du pays ne permettait pas d'entreprendre ces divers chemins et ces arpentages par les moyens ordinaires, votre comité prendrait la liberté de suggérer à votre honorable chambre le moyen suivant, savoir : l'émission de débentures portant intérêt, et rachetables à une époque voisine de l'échéance du paiement des terres vendues En émettant pour un dixième de la valeur d'un nouveau township, il n'y a aucun doute qu'on pourrait pourvoir à tous les besoins des colons de ce township, et que le rachat des débentures ne soit chose facile au bout de quelques années, la vente des terres laissant un résidu dont le montant collectif sera certainement double de ce qu'est aujourd'hui le revenu territorial, sous un système qui, au lieu de faciliter l'établissement de la jeunesse du pays sur les terres incultes, semble leur opposer toutes espèces d'obstacles.

Quant aux autres moyens de faciliter le défrichement des terres incultes, votre comité réfère votre honorable chambre aux lettres qui constituent l'appendice du rapport de ce comité, et particulièrement à celles des révérends MM. Farland et Hébert. Mais avant de terminer sur le sujet, votre comité croit devoir remarquer qu'on devrait toujours avoir en vue l'intention de coloniser par grands établissements, et dans ce but, rien ne serait mieux que de favoriser ces associations de colons qui se forment, et encourager le peuple à en former d'autres, soit en leur donnant les moyens de faire des chemins et autres améliorations nécessaires dans de nouveaux établissements, soit en faisant à l'association remise d'une proportion suffisante au prix des terres pour fournir aux dépenses de ces travaux.

Le tout respectueusement soumis,

J.-C. TACHÉ,
Président.

L'AGRICULTURE.

L'ÉTAT OU EN EST L'ART EN NOTRE PROVINCE.

LES MOYENS DE LE FAIRE PROGRESSER.

Par l'abbé PROVANCHER.

O fortunatos nimium, sua si bona norint
Agricolas !—*Virgile. Georgiques*, liv. II.
O heureux Agriculteurs, s'ils connais-
saient tous les avantages de leur position !

L'homme, le plus bel ouvrage sorti des mains de la toute-puissance incréée, avait été constitué roi de ce monde, c'est-à-dire jouissant d'un domaine absolu sur tous les êtres de la nature, et n'étant dominé par aucun d'eux.

Mais égaré par son orgueil, l'homme dévia de la justice et du devoir, il se révolta contre son seul maître, et scella par sa désobéissance la perte de sa royauté.

Assujéti auparavant à nulle créature ; il les vit toutes à la fois se soulever contre lui pour le dominer, et la nature entière se déclarer son ennemie.

Frappé par la main toute-puissante qui l'avait tiré du néant, mis à la porte de cet Éden où il avait été placé, et où toutes les délices se réunissaient pour le rendre heureux, condamné au travail et à toutes sortes de misères, il se rappelle encore, dans son exil, le bonheur de ses premiers jours, et fait de continuels efforts pour le resaisir. Et comme entre toutes les prérogatives dont il a été dépouillé, celle de son indépendance lui a été la plus sensible, c'est contre cet assujétissement de la part do tout ce qui l'environne, qu'il lutte aussi sans cesse avec le plus d'efforts.

Qu'est-ce que cette liberté que toutes les nations ont si fort estimée, jusqu'au point souvent de préférer l'anéantissement comme peuple à sa soustraction ? Si non, un affranchissement partiel des mille sujétions qui nous dominent.

Qu'est-ce que cette indépendance que tout individu convoite et pour laquelle il travaille sans relâche ? Si non, une réacquisition partielle du domaine perdu par notre premier père.

Voyez chaque nation, chaque tribu, chaque individu dans le trouble, les soucis, le mouvement; pourquoi s'agitent-ils? Dans quel but se tourmentent-ils? Interrogez-les; les uns et les autres vous feront tous la même réponse : " C'est pour la liberté, pour l'indépendance."

L'homme le plus heureux sur la terre est donc celui qui jouit le plus de liberté, qui possède la plus grande somme d'indépendance, qui s'est affranchi d'un plus grand nombre des liens qui captivaient ses désirs. Tous le proclament, et la plus saine philosophie n'est en aucune façon opposée à ce principe.

Entendez les moralistes chrétiens nous dire que la plus grande somme de bonheur sur la terre, se trouve dans celui qui, par un généreux et sublime effort, a renoncé à sa propre volonté, pour se soumettre à un code de règles connu d'avance, ou à la direction, dans toutes ses actions, d'un supérieur qu'il s'est librement donné. Aussi les livres sacrés proclament-ils que ce juste verrait le monde s'ébranler jusque dans ses fondements, qu'il n'en serait point troublé ! Pourquoi? Parce qu'il n'a plus de volonté propre.

Un jour, un grand génie des temps anciens fût rencontré dans les rues d'une ville avec une chandelle allumée en plein jour. Interrogé sur une conduite si étrange, il répondit qu'il cherchait un homme. Eh ! qu'entendait-il donc par cet homme qu'il ne pouvait trouver ? Il voulait un homme qui, comme lui, s'était affranchi, le plus possible, des liens qui gênaient sa liberté. Diogène, car c'est de lui qu'il s'agit ici, roulant un tonneau devant lui, pour s'assurer un gîte contre les intempéries de l'air, et portant une écuelle à la main, pour étancher sa soif au premier ruisseau venu, vit une fois, un jeune homme prendre de l'eau dans le creux de sa main pour se désaltérer. " En voici un plus sage que moi, s'écria-t-il ; je veux, à son exemple, me débarrasser encore d'une autre sujétion." Puis il jeta son écuelle au loin.

Le philosophe grec oubliait sans doute, que dans notre condition actuelle, l'indépendance absolue est impossible ; qu'en paraissant se défaire de liens d'un côté, il s'en créait par cela même d'un autre ; que le dénument auquel il s'astreignait, l'assujétissait à de nombreux besoins que la seule conservation de la vie nous rend nécessaires ; mais il n'en avait pas moins trouvé, par les seules lumières de la raison, le principe, le fondement, la base de la véritable liberté.

Pour nous, plus éclairés que Diogène, et plus sages aussi, pour avoir pu puiser aux sources de la véritable sagesse, modifiant un peu le principe qui constituait sa règle de vie, nous dirons que: assujétis dans notre condition actuelle à une foule de devoirs et de nécessités, l'homme le plus heureux est celui qui a le plus petit nombre de devoirs à remplir, et la moindre somme de nécessités pour le gêner dans ses allures. Or, parmi tous les états de la sociétéé civile actuelle, nous n'hésitons pas à proclamer que l'homme des champs, le cultivateur qui vit de son travail, est celui qui possède, avant tous les autres, ces deux conditions.

Oui ! le cultivateur est partout le citoyen le plus indépendant. Seul il tire du sol de quoi fournir à ses besoins et à ses nécessités ; seul il peut, pour ainsi dire, se passer du secours d'autrui, tandis que nul autre ne peut se passer de lui. Les savants, avec toute leur science, les chefs des peuples, avec toute leur autorité, les Crésus, avec leurs monceaux d'or, périraient tous misérablement sans le secours du cultivateur. Renfermé dans sa métairie, il peut, jusqu'à un certain point, se constituer lui-même son maître, son seigneur et son roi. Contrairement à toutes les autres conditions, plus il se prive du commerce de ses semblables, et plus la vie lui devient douce et facile. Plus que tout autre, il peut se passer du notaire, de l'avocat, du médecin ; pour ses propres besoins, il trouve dans sa famille même son mécanicien, son industriel, son tisserand, son tailleur. Et que deviendraient sans lui l'avocat avec ses dossiers, le notaire avec ses minutes, le médecin avec ses pillules ? Tous convergent vers lui, s'adressent à lui, se reposent sur lui pour en obtenir qui son pain, qui sa viande et son beurre, qui ses vêtements et les aliments nécessaires à ses animaux de service. Confiné dans son domaine, sans même avoir imité la prévoyance du serviteur du roi ancien, il est le Joseph qui fournit les provisions, non seulement à tous les habitants de l'Egypte, mais encore à ceux des pays mêmes les plus éloignés. Il voit tout le monde accourir à lui, pour lui offrir les mille produits de leur industrie en échange des productions de ses champs.

Et quelle protection n'a pas l'agriculteur contre l'adversité, contre cette multitude d'accidents inséparables de notre faible et périssable humanité ! Tandisque dans toutes les autres conditions, le travail de chaque jour semble être l'unique canal qui pourvoit aux besoins, et dont le cours se trouve interrompu du moment que les bras s'arrêtent, le cultivateur a dans son fonds une ressource toujours efficace contre les revers. Une récolte vient-elle à manquer ? Sa propriété lui offre un crédit pour résister à cet accident. Une blessure, une maladie viennent-elles le confiner dans sa demeure, le forcer à l'inaction durant des semaines et des mois ? Ses champs n'en continuent pas moins à pousser, la laine de ses brebis à se refaire pour ses habits, ses troupeaux à lui livrer leur lait et à prendre de la graisse pour sa nourriture. Son fonds est tout à la fois pour lui, sa banque d'épargne et de prévoyance, son assurance contre les accidents, et sa caution toujours prête pour lui obtenir les crédits nécessaires.

Sans doute, qu'au point de vue où en est la civilisation aujourd'hui, et relativement au degré de prospérité où l'on veut amener un état, les différentes positions sociales ne sont pas moins nécessaires les unes que les autres, et que toutes doivent se prêter un mutuel secours, s'harmoniser ensemble pour tendre au but commun ; mais il n'en est pas moins vrai que l'agriculture est le pivot sur lequel doivent s'appuyer tous les rouages qui peuvent contribuer au bien-être général ; que sans elle la prospérité dans un état ne peut-être qu'éphémère, ou du moins fort inconstante, par ce qu'elle manque de base solide ; et que c'est par conséquent vers elle, que doivent tout d'abord se tourner les regards de l'autorité, si elle veut s'assurer une marche constante et sûre dans la voie du progrès, si elle veut parvenir à l'état de prospérité auquel elle vise.

Mais, si l'agriculteur est ce citoyen nécessaire, indispensable, vers lequel doivent se tourner tous les regards, comment se fait-il donc qu'il soit généralement si peu considéré, qu'on le relègue, pour ainsi dire, dans les derniers rangs de la société ?

Peu considéré ? par des esprits aveugles ou faux, peut-être, mais non par les patriotes sincères, par les esprits éclairés, par les intelligences supérieures. Je ne nie pas que très-souvent le cultivateur occupe les derniers rangs dans les préséances ; mais cette infériorité apparente n'a rien d'outrageant pour lui, rien qui le blesse ; par ce que, peu habitué d'ordinaire à figurer dans la société, il préfère l'obscurité à la mise en scène ; son ambition ne le porte pas à désirer un rang que la culture de son esprit lui interdit en quelque sorte. Il sait que les dons de la Providence ont été diversement distribués aux hommes, et il est satisfait du lot qui lui est échu en partage. La vigueur de ses muscles, son adresse dans les différentes manipulations du sol, ne sont pas moins utiles que la science du savant qui pénètre les secrets de la nature, que le génie des inventeurs qui trouvent tous les jours de nouveaux moyens d'utiliser la matière. Humble dans ses goûts comme dans ses aspirations, il ne recherche nulle part les premières places, et voit, sans dépit, briller à côté de lui, des talents dans certaine carrière, qui feraient la plus triste figure s'ils entreprenaient de venir lutter dans la sienne.

Pour le dire en un mot, c'est la culture de l'intelligence, c'est l'éducation qui lui manque, qui retient le cultivateur dans cette infériorité apparente. Aussi, montrez-moi un cultivateur instruit, et je le proclame de suite le premier citoyen de son pays ; car si sa culture intellectuelle peut le rendre l'égal des chefs dans les autres carrières, il peut réclamer des avantages de pro-

mier ordre qui n'appartiennent qu'à la sienne propre.
N'est-ce pas lui, en effet, qui tient au sol qu'il habite
par les plus profondes racines ? N'est-ce pas lui qui
forme ce peuple qui, avant tous, constitue l'État ? Quelle
autre condition dans la société peut afficher comme lui
autant d'indépendance ? Au médecin il peut dire : pour
les provisions que mes bras savent tirer du sol, ne
puis-je pas vous forcer à vous acquitter à mon égard
d'offices aussi vils que répugnants ? n'est-ce pas à ces
services que tient votre existence ? Ne constitue-t-il pas
l'avocat, le notaire, ses véritables serviteurs pour se
faire rendre justice, pour reconnaître ses droits, assurer
par des actes en bonne forme l'avenir de sa famille ? Le
mécanicien, l'industriel, ne reçoivent-ils pas ses ordres
pour confectionner ses instruments, ses outils, ses habits,
comme il le veut et de la manière qu'il prescrit ? Et ne
peut-il pas, sans compromettre son avenir, se passer
rigoureusement de leurs services, en substituant son
adresse à leur habileté, en confectionnant lui-même les
outils qui lui sont nécessaires ?

Mais non-seulement l'agriculteur est le plus indépendant dans la société, c'est encore celui qui jouit de la
plus grande somme de paix et de tranquillité, et qui, par
conséquent, peut se dire le plus heureux.

L'idéal du plus parfait bonheur dans le monde, est de
s'assurer, avec un confort convenable, des jours de repos,
de paix, de tranquillité, exempts de ces mille soucis et
inquiétudes qui accablent l'homme d'affaires, en autant
plus grand nombre que ses affaires sont plus nombreuses
et plus importantes, que son attention se porte sur un
plus grand nombre de points. Or, parmi tous ceux qui
s'agitent pour assurer leur avenir, il n'en est point dont
les soucis soient moins nombreux, dont les inquiétudes
soient plus légères, dont l'attention soit moins partagée,
que l'homme des champs, que le cultivateur du sol. Vivant
de lui-même retiré sur sa ferme, son commerce avec ses
semblables est des plus restreints ; faisant peu d'affaires,
il est exempt des mille tracasseries qu'elles amènent
nécessairement ; s'occupant peu de ce qui se passe au
dehors, les soucis, les inquiétudes pour l'avenir, qui pour
tous les autres reposent sur la bonne ou mauvaise volonté
des hommes, se bornent pour lui, uniquement pour ainsi

dire, à ses divers travaux et aux soins qu'il doit à sa famille. Les grands événements mêmes qui font leur marque dans la vie des nations, et qui préoccupent si fortement ceux qui suivent assidûment les évolutions de l'histoire, ou qui jouent un certain rôle dans la politique, ne l'émeuvent que faiblement ; car souvent ces événements ne parviennent à sa connaissance, que l'orsqu'il sont déjà modifiés par les accidents qui les ont accompagnés.

Son travail est rude, il est vrai, ses labeurs sont pour ainsi dire continuels ; mais ces travaux sont de ceux que l'on supporte le plus allègrement, qui portent avec eux un certain charme qu'ont reconnu tous ceux qui s'y sont livrés.

Il lui faut, sans doute, dépenser une grande somme de force musculaire ; ne tenir à peu près aucun compte des accidents de température, quand il s'agit de ses travaux ; s'exposer également aux chaleurs excessives, de même qu'aux froids les plus piquants ; se laisser parfois pénétrer par la pluie ou aveugler par la neige ; soutenir quelquefois de son bras le courage de ses bêtes succombant sous l'excès du fardeau, etc. ; mais le grand air au milieu duquel il vit, la nourriture substantielle dont il use, l'exercice continu auquel il se livrent, donnent à tous ses membres une surabondance de vie, pour ainsi dire, si bien que le travail continu, un déploiement habituel d'efforts, loin de lui être pénibles, lui deviennent presque un besoin, une condition de bien-être, et qu'il éprouve un véritable malaise dès qu'il en est privé.

Voyez-le, au temps de la moisson, péniblement courbé sur sa faulx ou penché sur ses javelles, au soleil le plus ardent ; ce n'est plus en perlant que la sueur se montre sur son front, elle ruisselle de toutes parts, et pénètre même ses habits ; tous ses traits sont tuméfiés, injectés par un sang qu'on dirait lui bouillonner dans les veines ; on croirait à le voir qu'il touche à l'épuisement, et que pour le moins il va abréger sa journée ; et c'est précisément alors qu'il empiète sur la nuit pour prolonger ce travail excessif. Cependant, entendez-le faire éclater son contentement. C'est lorsque déjà les étoiles brillent au firmament, que, monté sur sa charge de gerbes, il s'en revient au logis en faisant retentir les échos d'alentour de ses chants joyeux. Il a travaillé avec ardeur, il s'est épuisé de lassitude, il a accompli courageusement sa tâche ; la joie déborde de son cœur !

Dieu, sans doute, a imposé le travail à l'homme comme une pénitence. Mais comme il a attaché à la satisfaction de tous nos besoins un plaisir nécessaire, il a de même, dans sa bonté infinie, attaché aux travaux du corps un sentiment de satisfaction qui semble destiné à faire oublier tout ce qu'ils ont de pénible.

Ne vous est-il jamais arrivé de mettre, pour quelques instants, la main aux travaux des champs ? de prendre, par exemple, une fourche ou un rateau pour ramasser le foin épars dans un pré ou réunir des épis en gerbes ? Et bien, dites, si après votre tâche accomplie, lorsque vous sentiez la sueur ruisselant sur votre front, vos muscles comme distendus par les efforts inaccoutumés auxquels vous les aviez soumis, et tous vos membres saisis par la fatigue, dites, si alors vous n'avez pas éprouvé un véritable sentiment de satisfaction ? si vous ne vous êtes pas, pour ainsi dire, senti plus homme qu'auparavant ? si un mouvement d'orgueil ne vous a pas donné l'idée d'une certaine supériorité sur un grand nombre d'autres que vous jugiez incapables d'en faire autant ?

Oui ! les travaux des champs ont un certain charme inhérent que ne possède le travail d'aucune autre occupation. Quel labeur ardu et pénible que celui de l'homme de loi, obligé de fouiller dans de nombreux documents, de chercher longtemps dans des auteurs des textes dont peut-être il n'aura jamais plus à se servir plus tard ; de s'identifier en quelque sorte avec le mécontentement, d'épouser les chicanes et les rancunes d'individus et de partis à lui complètement étrangers ; de déployer continuellement tout son zèle et ses efforts pour assurer le succès de litiges auxquels ils ne s'intéresse que pour quelques écus qu'ils amèneront dans son escarcelle ! Et le médecin qui se dépouille de toute sensiblité naturelle pour torturer, par ses opérations et ses drogues, des êtres déjà souffrants et des plus propres à exister les sympathies et la compassion ! Quelle resposabilité aussi dans les actes des uns et des autres ! L'inhabilité, l'incurie, la négligence, le défaut d'études, peuvent, dans le premier compromettre, à chaque instant, l'avenir du client et celui de sa famille ; et dans le second, faire perdre la vie même au patient. En est-il ainsi avec l'agriculteur ? Il ne travaille, en quelque façon, que pour lui-même ; sa responsabilité ne dépasse pas le cercle de sa famille, qui, par chacun de ses membres, la partage avec lui. La pierre qu'il enlève aujourd'hui de son champ, la souche qu'il fait disparaître, il ne les verra plus là l'année prochaine ; les sillons qu'il trace de sa charrue, ne seront plus détournés par l'obstacle, et l'aire sur lequel il répand ses semences, se sera agrandi d'autant.

Ajoutons que son travail est un travail qui requiert continuellement l'exercice de son jugement, qui demande à chaque point d'être confirmé par le raisonnement. Ce n'est plus ici cet homme-machine qui, dans une manufacture, doit faire mouvoir, en véritable automate, un levier quelconque ; ce n'est plus même cet industriel qui, cent fois et mille fois répétera la même opération sans rien changer, pour livrer ses instruments au commerce par centaines et par milliers ; c'est un véritable mécanicien, qui à chaque opération, devra compter avec son intelligence et son jugement, pour décider des moyens de l'exécution le plus facilement possible. Voyez-le abattant ses arbres, arrachant ses souches, exécutant ses labours, etc. ; à chaque opération qu'il fait, il a à compter avec les règles de la mécanique, de l'équilibre des forces, etc. ; que s'il n'est pas capable d'en démontrer scientifiquement la théorie, il doit cependant les connaître assez pour en exécuter la pratique à chaque instant. Aussi nul travail plus raisonné, moins ennuyeux, et plus intéressant que celui de l'homme des champs !

Oh ! heureux, et mille fois heureux l'agriculteur, s'il savait apprécier tous les avantages de sa position. *O fortunatos nimium sua si bona norint agricolas*, répéterai-je avec le poète latin ; et heureux surtout le cultivateur de nos riches et fertiles campagnes du Canada ! Fidèle à son Dieu, à son devoir et à sa conscience, il est en paix avec tout le monde dans son isolement sur sa ferme ; sa bonne conduite lui mérite la protection du ciel ; et ne comptant que sur la force de ses bras soutenue par la Providence pour assurer sa vie, il est, pour ainsi dire, sans souci pour l'avenir, et consume ses jours dans une paix, une tranquillité, un contentement qu'aucune autre position ne saurait lui offrir.

Ces prémisses posées, examinons maintenant à quel point en est l'art agricole dans notre province.

Lorsque, au commencement du XVII° siècle, nos pères foulèrent de leurs pieds, pour la première fois, cette terre d'Amérique, l'art agricole, tenant encore plus du métier et de la routine que de l'art véritable, de cet art surtout que guide et gouverne la science, pouvait à peine dès lors être considéré comme sorti de l'enfance. Les méthodes les plus avantageuses n'étaient encore, à cette époque, que des routines plus ou moins raisonnées.

Partis des campagnes de la Bretagne et de la Normandie, qu'une culture peu rationnelle et de fort longue date avait en partie épuisées, ils crurent, en voyant le sol vierge et si fertile de notre continent, avoir de suite à leur disposition un champ d'exploitation d'une richesse sans pareille et inépuisable. Encouragés par les récoltes abondantes qu'ils retirèrent d'abord dans les nouveaux défrichements, ils s'imaginèrent de suite pouvoir se passer de toute règle dans leur manière de traiter le sol. Et lorsque plus tard, ce sol débarrassé de ses souches, fut soumis à la charrue, la couche de détritus végétaux qui s'amoncelaient depuis des siècles, n'étant pas encore épuisée, et la surface enrichie en outre par les cendres de la luxuriante végétation dont ils l'avaient dépouillée, leur permirent de faire des récoltes tellement abondantes qu'ils se confirmèrent dans leur première erreur, De là, sans doute, la cause de ces routines vicieuses qui dominent encore aujourd'hui.

Une vigueur de végétation sans pareille permettant aux moissons de résister à des défauts de culture considérables ; on négligea l'égouttage, ou on ne l'exécuta que d'une manière fort imparfaite.

Une fertilité du sol incomparable laissa croire qu'on pouvait sans fin tirer de la terre, sans jamais rien lui rendre ; et on négligea les engrais, les laissant se perdre en grande partie.

Les mauvaises herbes envahirent peu-à-peu les champs ; et on ne se donna aucun trouble pour les combattre, pour restreindre leur diffusion.

On ne tint pas compte du long étalement des animaux durant la saison rigoureuse, et on en vint bientôt à ne les traiter qu'autant qu'il le fallait pour ne pas les laisser crever de misère durant l'hiver, attendant au printemps pour qu'ils pussent se refaire d'eux-mêmes avec l'herbe tendre de la nouvelle végétation.

Tels furent les défauts qui prévalurent dès l'origine dans notre agriculture, et tels sont ceux qui prédominent encore de nos jours, défauts qu'on peut résumer dans les chefs suivants, savoir : absence d'engrais, égouttage imparfait, labours défectueux, animaux insuffisants, absence de comptabilité.

1° *Absence d'engrais.*—Il y a une règle en agriculture qu'on oublie généralement, c'est qu'il faut rendre au sol, en proportion de ce qu'on lui enlève. Les plantes tirent du sol les principes nécessaires à leur nutrition, il faut restituer, par des engrais convenables, ces principes ainsi enlevés. Si on ne voit, la plupart du temps, qu'un sol épuisé dans nos anciennes paroisses, qui ne produit plus que des mauvaises herbes, c'est qu'on l'a ainsi ruiné en semant grain sur grain, pendant des années, sans jamais appliquer d'engrais. Il n'est pas rare de trouver des pièces de terre où l'on a enlevé jusqu'à douze et quinze récoltes consécutives sans aucune application d'engrais. Il faut réellement une fertilité, une richesse de sol tout exceptionnelles, pour avoir pu résister à une telle méthode. Et souvent on peut voir sur les mêmes fermes, des tas des plus riches fumiers se consumer inutilement à l'air aux portes des bâtiments, ou encombrer même les logements intérieurs.

Le cultivateur intelligent recueille avec soin tous ses fumiers, n'en laisse pas même perdre la plus petite portion, s'ingénie à confectionner des engrais artificiels, et délie même souvent les cordons de sa bourse à cette fin, lorsque les produits de ses étables ne suffisent pas; parce qu'il est convaincu que nul fonds ne peut lui rapporter de meilleurs intérêts que les engrais qu'il répand sur ses champs; que nul capital ne peut être plus avantageusement placé. Dans les pays d'Europe, comme la Belgique, par exemple, où les règles de l'agriculture sont mieux comprises, et où la division de la propriété force à retirer du sol autant qu'il peut produire, les cultivateurs mettent leur orgueil à montrer la plus grande quantité d'engrais possible amoncelée à leur porte. Les déchets de la cuisine, les déjections des animaux dans les chemins, les mauvaises herbes, tout est recueilli avec soin et porté sur le tas. La quantité d'engrais recueillie chaque année, est l'enjeu de rigueur pour la récolte de l'année suivante. On ne moissonnera qu'en raison de la quantité des engrais que l'on aura appliquée. Si ces cultivateurs étaient témoins du peu de cas que nos habitants des campagnes font généralement des engrais, ne diraient-il pas, avec raison, que ces gens courent volontairement à leur ruine !

Pendant des années et des années, dans la plupart de nos anciennes paroisses, on a fait alterner des récoltes avec des paturages dans les mêmes champs. Il faut reconnaître que c'est là une méthode tout à fait ruineuse ; le repos d'une année, sans addition d'engrais, n'est pas suffisant pour permettre au sol de se refaire de lui-même, après une récolte de céréales. Aussi on peut voir par les recensements quels faibles rendements à l'arpent donne notre province : huit à neuf minots de blé, 20 minots d'avoine, etc. ; tandis que pour rémunérer convenablement, il faudrait au moins le double de ces quantités. Qu'on amène les engrais, et qu'on cultive avec soin, on les obtiendra sans peine et même bien au-delà.

2° *Egouttage imparfait.*—Un égouttage soigné est de rigueur dans toute bonne culture et grand nombre de nos cultivateurs paraissent ignorer ce principe. Il y a bien peu de fermes où l'on ne pourrait montrer, chaque année, plusieurs pièces de culture, perdues par défaut d'égouttage. On s'habitue tellement à laisser les eaux s'en aller d'elles-mêmes en imbibant le sol, qu'on n'égoutte pas même les chemins ; delà bris de voitures et de harnais, fatigue des bêtes, et roulage des plus fatiguants.

On a fait à grands frais, dernièrement, des essais de drainage, et sans succès. Ce n'est pas que la chose fût sans à propos, ni d'exécution trop difficile ; mais c'est que notre peuple manque encore des connaissances suffisantes pour apprécier un mode si avantageux, un moyen si puissant de communiquer au sol une nouvelle activité. Tant que nos cultivateurs ne seront pas convaincus de l'importance d'égoutter parfaitement, ce sera prêcher dans le désert, que d'aller les engager à pratiquer le drainage. Il n'y a pas beaucoup à espérer que des gens qui ne veulent seulement pas sedonner la peine

d'ouvrir des fossés et des rigoles à découvert, consenti-
ront à pratiquer à plus grands frais des égouttages souterrains. Je suis d'avis que c'était là une amélioration
prématurée, et qu'il y en aurait beaucoup d'autres plus
faciles et moins dispendieuses à faire adopter d'abord.

3° *Labours défectueux.*—Je comprends ici avec les
labours proprement dits, les différentes façons que l'on
donne au sol pour le pulvériser, telles que hersages,
emploi des scarificateurs, des brise-mottes, etc. On sait
que les plantes tirent du sol par leurs racines, les sucs
nourriciers qui leur conviennent. Or, plus le sol sera
pulvérisé, et plus les plantes seront à même de profiter
de tous ses sucs ; car si le sol n'est que divisé en mottes,
ces mottes pourront renfermer des sucs abondants, que
n'atteindront pas les racines qui passeront entre elles
sans les pénétrer.

Dans beaucoup d'endroits aussi, on exécute des
labours bien trop superficiels, n'ayant pas assez de profondeur. Plus la couche de terre que vous enlevez
avec la charrue et soumettez aux influences atmosphériques est épaisse, et plus abondantes seront les sources
que vous offrirez aux racines des plantes pour leur nourriture ; car les racines des plantes cultivées pénètrent
peu ou point, d'ordinaire, au-delà de la couche attaquée
par la charrue. Ajoutons qu'il n'y a rien de plus efficace
pour épuiser une terre promptement que ces labours
superficiels.

4° *Animaux insuffisants.*—Dans une ferme bien orga-
nisée, les différentes parties doivent conserver entre
elles un certain équilibre. Les animaux, par exemple,
doivent être en proportion de la surface que l'on a en
rapport. Avec beaucoup d'animaux, on aura beaucoup
d'engrais ; avec beaucoup d'engrais, on aura beaucoup
de céréales et de fourrages : et c'est ainsi que l'équilibre
se maintiendra. Mais, généralement, les animaux sont
trop peu nombreux chez nos cultivateurs, et ce qui est
encore plus blâmable, on les néglige trop, et beaucoup
trop, sous le rapport de la nourriture et des soins.
Ayez de bons animaux, entretenez les convenablement,
et vous en retirerez de forts profits ; au contraire, quelques animaux que vous ayiez, si vous les négligez, si
vous les privez d'une nourriture suffisante, ils ne vous
rapporteront rien et vous ruineront

7

Quant aux races à choisir, ce n'est pas généralement sous ce rapport que péchent le plus nos cultivateurs, car comme je viens de le dire, se sont les bons soins, la nourriture convenable et abondante, qui font les bons animaux. Les meilleures races sans les soins convenables, dégénèrent bientôt et ne donnent aucun profit.

Il est cependant des races tellement défectueuses, qu'elles doivent être sans examen proscrites, par ce qu'elles ne peuvent rémunérer des soins qu'on leur donne. Telles sont ces moutons à poils plutôt qu'à laine, ces cochons dits canadiens qu'on voit encore en si grand nombre dans le comté de Charlevoix et dans le Saguenay. Ces cochons, cornus, osseux, mangent beaucoup et sont très-difficiles à prendre la graisse. On devrait sans délai les remplacer par d'autres beaucoup plus avantageux sous tous les rapports.

5° *Absence de comptabilité.*—Tout commerçant, tout industriel, en un mot tout homme sage et prudent faisant des affaires, ne manque pas de se rendre compte de temps à autres de chacune de ses opérations, pour constater le profit réalisé, et quelquefois, par contre, la perte encourue, afin d'en tirer des conséquences pour sa conduite ultérieure. C'est aussi ce que fait le cultivateur intelligent et soucieux. Chaque année, il alligne en dépenses et en recettes ses diverses opérations de culture, pour voir jusqu'à quel point telle ou telle lui a été rémunérative, ou peut-être désavantageuse.

Il n'est aucun cultivateur, sans doute, qui ne se rende un compte quelconque de ses opérations. Chacun peut se dire à la fin de l'année : j'ai eu une bonne récolte cette année, j'ai été bien payé de mes travaux ; ou peut-être malheureusement : je n'ai pas eu de succès, j'ai travaillé pour rien. Voilà ce que chacun peut se dire ; mais ce compte rendu superficiel ne suffit pas pour une comptabilité rigoureuse et efficace. Il faut pouvoir se rendre compte de chaque opération, de chaque culture en particulier, afin de voir sur quel point porter spécialement son attention ; noter, pour les éviter, les défauts qui ont pu amener l'insuccès ; reconnaître les opérations qui ont été les plus rémunératives, pour s'étendre davantage sur celles-ci.

C'est parce que la plupart des cultivateurs négligent

la comptabilité, ne se rendent ainsi compte que superficiellement, qu'un si grand nombre courent à leur perte, sans presque s'en apercevoir, reconnaissant le gouffre qu'ils ont agrandi chaque année sous leurs pas, lorsque déjà, il n'est plus possible de l'éviter. C'est aussi pour la même raison que tant de cultivateurs, qui d'ailleurs ne reculent pas devant le travail, perdent si facilement et sans cause légitime, un temps que les soins de leur culture réclament souvent sans délai. Une séance de conseil municipal, où aucun intérêt particulier n'est en jeu, une course de chevaux, une séance de cours de commissaires, etc., viennent-elles à avoir lieu, aussitôt les travaux des champs sont laissés là ; un jour, deux jours sont ainsi souvent perdus inutilement, lorsque peut-être le succès de leur récolte dépendra entièrement de cette négligence. Car il n'est pas de situation qui réclame une vigilance plus assidue, plus attentive, que celle du cultivateur. Pour peu qu'il manque sous ce rapport, il court infailliblement à sa ruine.

La perte du temps est irréparable pour tout le monde, mais pour l'agriculteur, une seule journée suffit quelquefois pour amener sa ruine. Telle pièce de terre est aujourd'hui en condition suffisante pour être labourée, ensemencée, etc., on attend au lendemain, et ce lendemain amènera peut-être un changement de temps qui rendra l'opération impossible pour la saison. Telle pièce de foin ou de grain est prête à être moissonnée ou engrangée ; on retarde, et peut-être qu'on ne sauvera pas même la moitié ou le quart de la belle récolte qu'on avait déjà sous la main.

Le cultivateur soigneux, vigilant, intelligent, donne donc une attention toute particulière à la comptabilité dans ses diverses cultures ; tout est réduit en recettes et en dépenses, afin de pouvoir en appliquer le résultat à profit ou à perte. Le temps que l'on met à labourer, herser, égoutter, clôturer chaque pièce, avec le coût de la semence, puis le moissonnage, le battage, vannage, etc., sont entrés à la dépense ; et vis-à-vis, le rapport de cette pièce en grain, paille, etc., avec estimation aux prix courants pour l'année, sont apposés comme recette. L'on voit ainsi d'un coup d'œil jusqu'à quel point l'opération a été avantageuse ou non, afin d'en tirer des conséquences pour la suite. Les rapports de ces diverses opérations sont conservés chaque année, pour servir de termes de comparaison plus tard. Le cultivateur qui en agit ainsi, ne marche pas en aveugle, et à chaque transaction qu'on lui propose, il connaît de suite sur quelles ressources il peut raisonnablement compter pour lui permettre de l'accepter, ou s'il ne doit pas plutôt la refuser absolument, quelque avantageuse qu'elle puisse paraître à certains égards.

Il est facile de voir par ce qui vient d'être exposé que l'art agricole, dans notre province, n'est pas encore sorti de l'enfance, si toutefois il ne se confond pas avec la routine. Je dois ajouter cependant que depuis à peu près une quinzaine d'années, depuis surtout l'établissement de nos écoles d'agriculture, on peut constater que des progrès, quoique lents encore et non généralisés, se sont opérés en fait d'améliorations. On commence à comprendre, en plus d'un endroit, la valeur des engrais, la proportion des animaux qu'il faut tenir dans une ferme pour conserver l'équilibre, l'importance de semer des graines fourragères pour s'assurer de bons pacages et mieux traiter le bétail, la nécessité d'égoutter avec plus de soin, de faire de meilleurs labours, etc. Les quelques élèves qui sortent chaque année de nos écoles d'agriculture ne contribuent pas peu, par leurs remarques dans l'occasion, et aussi par leurs exemples, à faire comprendre la nécessité de ces réformes. Espérons que, leur nombre augmentant, ces améliorations se généraliseront de plus en plus, et qu'on verra, chaque année, la routine vicieuse qui prévaut encore aujourd'hui, remplacée peu à peu par une méthode plus rationnelle et plus praticable.

Les moyens d'activer ce progrès, est ce qui me reste à examiner.

Ces moyens, quels qu'ils puissent être, ne pourront, dans tous les cas, agir que fort lentement, car on ne change pas d'un coup les habitudes d'un peuple. Quelque peu rationnelle que soit la méthode que ce peuple suit, quelque ruineuse même qu'elle soit reconnue, sa défectuosité ne peut jamais être admise sans hésitation par tout le monde; il s'en trouve toujours qui tiennent obstinément à l'ancienne pratique. D'un autre côté, les succès en agriculture tiennent à tant de causes différentes, qu'il faut souvent attendre longtemps pour que les droits de la science soient généralement admis, et que les insuccès ne lui soient pas imputés, lors même qu'ils dépendent de la négligence ou de l'ignorance des règles les mieux établies.

Pour parer aux défauts que j'ai signalés, pour activer le progrès dans la réforme, pour assurer une marche plus constante dans la bonne voie, je réduis à quatre chefs principaux les mesures qu'il conviendrait d'adopter: 1º Réorganisation du département de l'agriculture ; 2º Maintien d'un bon journal agricole; 3º Un plus grand encouragement aux écoles d'agriculture ; et 4º Etablissement d'un musée agricole.

1º Le département de l'agriculture, tel qu'organisé aujourd'hui avec le conseil qui lui est adjoint, est-il bien propre à promouvoir le progrès de la science agricole?

Quant à moi, je ne le crois pas. Je vois surtout dans le conseil une complication de rouages qui, loin de contribuer au progrès, lui est plutôt un obstacle, une entrave ; et je m'appuie, pour le juger ainsi, tant sur son organisation propre, que sur ses actes passés.

Ce qui est l'affaire de tout le monde, devient souvent l'affaire de personne, surtout dans une organisation comme celle du conseil d'agriculture, où les membres ne sont personnellement responsables à personne, et parmi lesquels des divergences d'opinion, suite souvent d'intérêts particuliers ou de vues politiques pour favoriser un parti, viennent mettre obstacle aux mesures les plus avantageuses et paralyser les efforts les mieux dirigés.

Comme dans tous les corps ou réunions d'hommes, il n'y a d'ordinaire que quelques chefs—et souvent un seul—qui conduisent; que les autres ne servent qu'à appuyer, éclairer, prêter main-forte dans l'occasion à ces chefs; je voudrais de même une autorité constante et permanente dans le département de l'agriculture, dans la personne, par exemple, d'un surintendant entendu, à la hauteur de sa tâche, sous la responsabilité du ministre, mais qui ne serait pas comme lui exposé à des changements avec les partis politiques. L'unité d'action dans toute association est une condition essentielle de succès.

Ce surintendant ou assistant-commissaire aurait pour attributions spéciales le fonctionnement de la loi d'agri-

culture, la surveillance des écoles de cet art, la surinten-
dance des musées, etc. Il aurait pour s'éclairer dans sa
marche, les comités d'agriculture de la chambre d'assemblée, la tenue des expositions, sa correspondance avec
les différentes sociétés d'agriculture de comtés, avec les
directeurs des écoles d'agriculture, les visites qu'il serait
tenu de faire à ces dernières, etc. Il serait, en un mot,
pour l'agriculture, à peu près ce qu'est le surintendant
des écoles pour l'instruction publique.

C'est parce que cette unité d'action à fait défaut dans
le département de l'agriculture, qu'on a vu plus d'une
mesure émaner du conseil que l'intérêt du bien public
serait impuissant à justifier. J'en citerai quelques-unes.

On conçut, il y a quelques années, le louable projet
d'établir un musée agricole. De suite on décida d'envoyer
le secrétaire du conseil aux Etats-Unis, pour voir comment on pratiquait la chose là. M. le Secrétaire alla
donc, aux frais de la province, faire une visite à Albany
et à Washington. Il revint enchanté de son voyage ;
fit un rapport soigné de tout ce qu'il avait vu ; et..... tout
demeura là. C'était une dépense de $1000 à $1200 au
profit d'un seul homme !

Plus tard, voilà qu'on s'enthousiasme tout-à-coup pour
le drainage. On veut porter nos cultivateurs à fouiller
jusque dans la profondeur du sol, avant même de leur
avoir appris à en gratter convenablement la surface. On
accorde un bonus de $4000 (si je ne me trompe) à un fabri-
quant de tuyaux de Montréal, qu'il en vende beaucoup,
peu ou point, et l'on fait venir, à grands frais, un jeune
homme d'Ecosse, pour diriger les débutants dans cette
opération nouvelle pour la plupart. Le bonus fut payé
au fabriquant, le voyage du jeune homme de même ;
mais ses services n'étant requis par personne, on fut
obligé de lui payer de plus son retour en Europe. C'étaient
encore quelques milliers de piastres gaspillées, parce que
ceux qui avaient obtenu cette dépense, n'étaient responsables à personne.

Plus tard encore, on ouvrit un concours pour un traité
d'agriculture. Une médaille d'or avec $300 en argent
devaient être la récompense du lauréat. Mais la chose
est à peine croyable ; on accorda le prix à un ouvrage
incomplet, non encore terminé, à condition que l'auteur

le terminerait plus tard. Cet auteur a reçu, je pense bien, et somme et médaille ; mais l'ouvrage a-t-il été terminé ? Je l'ignore ; tout ce que je sais, c'est que le public n'a jamais vu cet ouvrage. A quoi bon payer pour des traités qui demeurent enfouis dans les archives du conseil !

Citons encore un exemple pour faire resortir davantage les défectuosités du rouage administratif dans les affaires d'agriculture.

Pendant plus de cinq ans, nous avons été sans avoir un journal d'agriculture, lorsque cependant le conseil avait à sa disposition, ou du moins pouvait l'avoir, l'argent nécessaire pour une telle publication. Quelle était donc alors la cause du retard ? Uniquement les divergences d'opinion des membres du conseil. Celui-ci voulait avoir le journal à Montréal, cet autre à St.-Hyacinthe, un autre à Québec, un autre enfin à Ste.-Anne. Quand on en venait à prendre des votes sur le sujet, du moment qu'on apercevait qu'une localité allait l'emporter sur l'autre, on proposait de suite un délai de trois mois, et la motion était aussitôt emportée. Cette comédie se répéta pendant plus de cinq ans, et le public était toujours-là à attendre son journal. N'est-il pas évident qu'avec une direction unique, deux ou trois mois au plus auraient suffi pour mettre la publication sur pied ?

Mais, pourra-t-on dire, est-ce que le ministre n'est pas directement responsable à la chambre de tous les actes de de son département ? Oui, sans aucun doute ; mais quelle excuse pour ce ministre, quand il peut dire qu'il n'a sanctionné telle mesure, que parce qu'elle lui avait été soumise par un corps aussi compétent, aussi honorable que le conseil d'agriculture.

2o. Maintien d'un bon journal d'agriculture.—Les réformes en agricultures, comme je l'ai fait observer plus haut, ne s'opèrent que difficilement et fort lentement. Ce n'est qu'en obsédant le peuple, pour ainsi dire, qu'en le prêchant à temps et à contretemps, qu'on parvient à le décider à changer ses habitudes. Mais quel sera le missionnaire de cette utile prédication ? Ce sera le journal, la publication périodique.

Quelque efficace que puissent être les lectures au peuple, les cours dans les institutions agricoles, ces moyens se borneront toujours à un nombre assez restreint d'auditeurs, on ne pourra se faire entendre de tous, et surtout produire la conviction chez le plus grand nombre. Mais le journal, lui, suivra, pour ainsi dire, l'agriculteur pas à pas pour lui faire la leçon dans l'occasion, pour lui signaler les défaut à corriger, lui rappeler les préceptes mis en oubli. Le journal pénétrera dans les chaumières, prendra place au foyer de la famille, et sera toujours prêt à livrer à tous ses recettes économiques, sa direction dans les opérations nouvelles, l'expérience des dévanciers dans les essais de tout genre, etc. Il fera encore connaître le mouvement de hausse et de baisse des produits agricoles sur les marchés, les articles les plus en demande dans le moment, les prévisions do l'avenir pour base de calculs, etc., etc.; il tiendra, en un mot, le cultivateur constamment au courant du mouvement agricole du monde entier, pour qu'il puisse juger par lui-même si, réellement, il suit la bonne méthode, s'il marche dans la voie du progrès, ou au contraire peut-être, s'il ne s'obstine pas à courir à sa ruine en persévérant dans une pratique vicieuse et généralement condamnée.

Un bon journal est donc de rigueur pour le progrès en agriculture. Mais pour le rendre plus efficace, je voudrais qu'il fût la propriété d'un particulier, avec allocation suffisante pour rencontrer les vues du département. Il n'y a rien de tel qu'un propriétaire pour surveiller convenablement une publication ; tandis qu'un journal aux frais du gouvernement manque souvent d'intérêt et d'éfficacité, parce qu'on ne tient qu'indirectement à son succès et qu'on n'a rien à craindre pour son maintien.

3o. Encouragement aux écoles d'agriculture.—Après la réforme du département et la tenue d'un bon journal, je considère les écoles d'agriculture comme le moyen le plus efficace d'activer le progrès dans l'art agricole.

La pratique en agriculture vaut certainement beaucoup, mais la pratique seule est impuissante pour la réforme des abus; d'un autre côté, l'agriculture bien entendue, et entendue tel qu'elle doit l'être dans des sols depuis longtemps exploités, et pour répondre aux besoins actuels de la civilisation, est un art véritable. Or, cet art a ses préceptes et sa théorie qu'il faut apprendre pour les connaître, et c'est dans les écoles spéciales de cet art qu'on les apprendra. Nos écoles actuelles exigent donc une surveillance toute particulière de la part du département et une protection des plus libérales.

Comme toutes les institutions nouvelles, nos écoles d'agriculture, peu comprises quant à leur but et à leur efficacité, ont eu à lutter contre des difficultés et des entraves de tout genre dans leur début. Mais aujourd'hui qu'elles ont survécu à cet âge critique, il ne faut pas leur ménager l'encouragement, afin que chaque année, s'échappent de leur sein des essaims de jeunes agriculteurs, parfaitement au fait de la théorie de l'art, pour aller répandre leurs connaissances dans les différentes contrées de la province. C'est surtout pour la direction de ces écoles qu'un surintendant serait nécessaire. Les différentes visites qu'il leur ferait le mettrait en état de contrôler efficacement leur enseignement, d'établir des points de comparaison entre les unes et les autres, de faire faire le profit ici, des expériences qui auraient été faites là, de susciter une émulation entre les unes et les autres pour marcher dans la voie du progrès d'une manière plus sûre et plus efficace, en un mot, d'assurer davantage leur succès en en faisant en même temps bénéficier la province.

4o. Etablissement d'un musée agricole.—Enfin les musées que l'on joint au département de l'agriculture dans presque tous les anciens états, ne servent pas peu à éclairer le cultivateur dans une foule de points pour la pratique de son art. Ces musées sont non-seulement des salles où l'on tient exposés, pour l'inspection des cultivateurs, les machines et instruments perfectionnés les plus recommandables, des spécimens des grains et produits des meilleures espèces, les matières brutes et travaillées qui sont l'objet de la culture; mais encore des spécimens des oiseaux insectivores, pour faire connaître à l'homme des champs ses auxiliaires les plus effectifs ; des collections d'insectes nuisibles, pour qu'il puisse distinguer et combattre efficacement ces redoutables ennemis, qui le soumettent chaque année à une rançon si considérable, et font parfois périr ses récoltes entières, etc.

Ces musées, par l'étalage constant qu'ils offrent des productions du pays, en outre du témoignage qu'ils rendent au visiteur des richesses naturelles de la contrée et des ressources qu'elles peuvent offrir à l'exploitation, servent encore à démontrer le degré de civilisation qu'on a atteint, et deviennent, pour les savants, des sanctuaires où ils vont poursuivre leurs recherches, ou déposer les trophées de leurs victoires sur l'inconnu.

J'ajoute que l'établissement de tels musées est des plus faciles et fort peu dispendieux. Comme les spécimens abondent partout, il ne s'agit que de les recueillir pour les déposer dans des appartements spéciaux. Un seul homme de science suffit pour les ranger dans un ordre méthodique et conforme aux règles des classifications. Les espèces s'ajoutant chaque jour aux espèces, on parviendrait, en peu d'années, à posséder un ensemble des plus complets des productions naturelles du pays.

Et quant aux machines d'agriculture, rien de plus facile aussi ; chaque fabricant s'empresserait d'offrir au musée des spécimens de sa manufacture. Il y trouverait un avantage tout particulier ; car ce serait une enseigne de ses produits déposée dans le lieu le plus exposé aux visites des chalands et le plus propre, par conséquent, à lui assurer un prompt débit.

Si des particuliers, presque sans ressources, parviennent petit à petit, en assez peu de temps, à se former des musées considérables; il n'y a pas de doute que le gouvernement, en portant son attention de ce coté là, ne parvînt, en bien moins de temps encore, à atteindre le même résultat.

Que le gouvernement donne à l'agriculture l'attention et la protection qu'elle est en droit d'exiger, et l'on verra bientôt l'industrie se raviver, le commerce prendre un nouvel essor, la colonisation prendre de jour en jour une plus grande expansion, et le pays en entier marcher à grands pas dans la voie de la prospérité et du progrès.